数字生活轻松入门

构建家庭娱乐平台

晶辰创作室 刘敏利 王义平 编著

科学普及出版社

·北　京·

图书在版编目（CIP）数据

构建家庭娱乐平台 / 晶辰创作室，刘敏利，王义平编著. --北京：科学普及出版社，2020.6

（数字生活轻松入门）

ISBN 978-7-110-09639-0

Ⅰ．①构… Ⅱ．①晶… ②刘… ③王… Ⅲ．①视频编辑软件
Ⅳ．①TN94

中国版本图书馆 CIP 数据核字（2017）第 181273 号

策划编辑	徐扬科
责任编辑	林　然
封面设计	中文天地　宋英东
责任校对	焦　宁
责任印制	徐　飞

出　　版	科学普及出版社
发　　行	中国科学技术出版社有限公司发行部
地　　址	北京市海淀区中关村南大街 16 号
邮　　编	100081
发行电话	010 - 62173865
传　　真	010 - 62173081
网　　址	http://www.cspbooks.com.cn
开　　本	710 mm ×1000 mm　1/16
字　　数	198 千字
印　　张	10.25
版　　次	2020 年 6 月第 1 版
印　　次	2020 年 6 月第 1 次印刷
印　　刷	北京博海升彩色印刷有限公司
书　　号	ISBN 978-7-110-09639-0/TN·75
定　　价	48.00 元

"数字生活轻松入门"丛书编委会

前　言

　　随着信息化时代建设步伐的不断加快，互联网及互联网相关产业以迅猛的速度发展起来。短短的二十几年，个人电脑由之前的奢侈品变为现在的必备家电，电脑价格也从上万元降到现在的三四千元，网络宽带已经连接到千家万户，包月上网费用从前些年的一百五六十元降到现在的五六十元。可以说电脑和互联网这些信息时代的工具已经真正进入寻常百姓之家了，并对人们日常生活的方方面面产生了深刻的影响。

　　电脑与互联网及其伴生的小兄弟智能手机——也可以认为它是手持的小电脑，正在成为我们生活中不可或缺的元素，曾经的"你吃了吗"的问候变成了"今天发微信了吗"；小朋友之间闹别扭的台词也从"不和你玩了"变成了"取消关注"；"余额宝的利息今天怎么又降了"俨然成了一些时尚大妈的揪心话题……

　　因我们的丛书主要介绍电脑与互联网知识的使用，这里且容略去与智能手机有关的表述。那么，电脑与互联网的用途和影响到底有多大？让我们随意截取几个生活中的侧影来感受一下吧！

　　我们可以通过电脑和互联网即时通信软件与他人沟通和

交流, 不管你的朋友是在你家隔壁还是在地球的另一端, 他(她) 的文字、声音、容貌都可以随时在你眼前呈现。在互联网世界里, 没有地理的概念。

电子邮件、博客、播客、威客、BBS……互联网为我们提供了充分展示自己的平台, 每个人都可以通过文字、声音、影像表达自己的观点, 探求事情的真相, 与朋友分享自己的喜怒哀乐。互联网就是这样一个完全敞开的世界, 人与人的交流没有界限。

或许往日平淡无奇的日常生活使我们丧失了激情, 现在就让电脑和互联网来把热情重新点燃吧。

你可以凭借一些流行的图像处理软件制作出具有专业水准的艺术照片, 让每个人都欣赏你的风采; 你也可以利用数字摄像设备和强大的软件编辑工具记录你生活的点点滴滴, 让岁月不再了无印迹。网络上有着极其丰富的影音资源: 你可以下载动听的音乐, 让美妙的乐声给你带来一处闲适的港湾; 你也可以在劳累一天离开纷扰的职场后, 回到家里第一时间打开电脑, 投入到喜爱的热播电视剧中, 把工作和生活的烦恼一股脑儿地抛在身后。哪怕你是一个离群索居之人, 电脑和网络也不会让你形单影只, 你可以随时走进网上的游戏大厅, 那里永远会有愿意与你一同打发寂寞时光的陌生朋友。

当然, 电脑和互联网不仅能给我们带来这些精神上的慰藉, 还能给我们带来丰厚的物质褒奖。

有空儿到购物网站上去淘淘宝贝吧, 或许你心仪已久的宝贝正在打着低低的折扣呢，轻点几下鼠标，就能让你省下一大笔钱！如果你工作繁忙，好久没有注意自己的生活了，那就犒劳一下自己吧！但别急着冲进饭店，大餐的价格可是不菲呀。到网上去团购一张打折券，约上三五好友，尽兴而归，也不过两三百元。

或许对某些雄心勃勃的人士来说就这么点儿物质褒奖还远远不够——我要开网店，自己当老板，实现人生的财富梦想！的确，网上开放式的交易平台让创业更加灵活便捷，相对实体店铺，省去了高额的店铺租金，况且不受地域及营业时间限制，你可以在 24 小时内把商品卖到全中国乃至世界各地！只要你有眼光、有能力、有毅力，相信实现这一梦想并非遥不可及！

利用电脑和互联网可以做的事情还有太多太多，实在无法一一枚举，但仅仅这几个方面就足以让人感到这股数字化、信息化的发展潮流正在使我们的世界发生着巨大的改变。

为了帮助更多的人更好更快地融入这股潮流，2009 年在科学普及出版社的鼓励与支持下，我们编写出版了"热门电脑丛书"，得到了市场较好的认可。考虑到距首次出版已有十年时间，很多软件工具和网站已经有所更新或变化，一些新的热点正在社会生活中产生着较大影响，为了及时反映这些新变化，我们在丛书成功出版的基础上对一些热点板块进行了重新修订和补充，以方便读者的学习和使用。

在此次修订编写过程中，我们秉承既往的理念，以提高生活情趣、开拓实际应用能力为宗旨，用源于生活的实际应用作为具体的案例，尽量用最简单的语言阐明相关的原理，用最直观的插图展示其中的操作奥妙，用最经济的篇幅教会你一项电脑技能，解决一个实际问题，让你在掌握电脑与互联网知识的征途中有一个好的起点。

晶辰创作室

目 录

如果说生活是一条流淌的河流，那么音乐就是那跳跃的浪花。音乐给你美丽心情。学会给自己营造一个音乐小巷，当音乐的美妙散发在生活的每个角落，你会发现生命变得单纯了许多。

电脑就可以提供这样一个平台，为了更好地用电脑听音乐，我们必须了解音乐文件的格式、音乐文件的下载方法以及音乐文件的播放器等。本章除了介绍这些基本的知识外，还从最简单易学的软件入手，介绍音乐播放器的使用以及利用音频插件提升音乐的品质。

第一章

用电脑听音乐

本章学习目标

◇ 动听音乐 这里开始

　　本节了解音乐文件的格式、音频播放器和音乐文件的下载方法；如何利用 Windows Media Player 在电脑上听音乐。

◇ 歌词同步 赏心悦目

　　一款能自动从网上同步搜索并下载匹配歌词到电脑屏幕上的软件"千千静听"，它会让你的音乐之旅锦上添花。

◇ 美妙音效 插件帮忙

　　本节介绍什么是音乐插件，用什么样的音乐插件可以使播放的音乐效果更好。

动听音乐　这里开始

　　电脑中的音乐，就是将普通的音乐"数字化"后存放在电脑中，这样的文件称为"音频文件"。为了更好地用电脑听音乐，我们必须了解音乐文件的格式、音乐文件的播放器和音乐文件的下载方法等内容。

一、首先登场，音乐格式

　　由于对音乐文件数字化的方法不同，就会形成不同"格式"的文件。表现为不同的文件扩展名。音频文件的格式很多，其中最为流行的、也是最容易从网上下载到的是 MP3、WAV 和 WMA 三种格式的音乐。

● MP3　流行风尚

　　MP3 格式是目前网络音乐最流行的音频格式。相同长度的音乐用 MP 3 格式来存储容量比较小，所以便于网络传输，音质也好，是最大众化的音频格式之一。

● WAV　无损音乐

　　WAV 格式的声音文件音频质量比较高，和 CD 相差无几，也是目前个人电脑上广为流行的声音文件格式，几乎所有的音频编辑软件都"认识"WAV 格式。

● WMA　风头正劲

　　WMA 格式，音质强于 MP3，比 MP3 格式文件体积更小。作为微软抢占网络音乐的开路先锋，可以说是技术领先、风头强劲，更方便的是不用像 MP3 那样需要安装额外的播放器。Windows 操作系统和 Windows Media Player 的无缝捆绑,让你只要安装了 Windows 操作系统就可以直接播放 WMA 音乐。

二、下载音乐，百度搜索

　　在"百度音乐"可以便捷地找到最新、最热的歌曲，更有经典老歌、情歌、伤感、轻音乐、流行、欧美、日韩歌曲任你选择。

　　1. 搜索音乐

　　进入"百度搜索"，在搜索栏输入关键词，比如："青藏高原"，然后选择【音乐】，单击【百度一下】即开始搜索，如图 1-1 所示。

图1-1　"百度"搜索

2．下载音乐

搜索结果见图 1-2，窗口内是"搜索结果列表"，右侧排列三个按钮分别是【播放】、【添加】和【下载】。单击【播放】图标即在线播放音乐，可以先试听一下，如果满意就可以单击【下载】图标，弹出"下载界面"对话框，如图 1-3 所示。

图1-2　"百度"搜索结果

在"下载界面"对话框中，列出了三种品质的 MP3 音乐文件，可在"标准品质"和"高品质"中进行选择；"超高品质"是 VIP 特权，需要注册会员，如图 1-3 所示。

图1-3　"下载"界面

3. 保存音乐

鼠标放在【下载】按钮上，单击右键，在弹出的快捷菜单中选择【目标另存为】选项，然后指定存放地点，如图 1-4 所示。

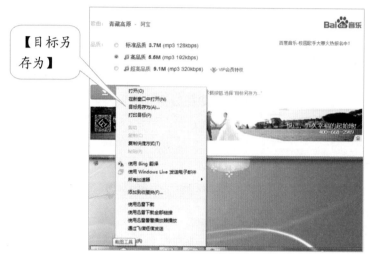

图1-4 下载音乐

在打开的"对话框"中，选中存放音乐的文件，然后单击【打开】命令，音乐文件将下载到这个文件夹中，如图 1-5 所示。

图1-5 选择歌曲存放地点

利用搜索引擎查找、下载歌曲是最直接的听歌方式，网络上的搜索引擎非常的多，下面推荐几个常见的搜索引擎，如图1-6所示。

谷歌
http://www.google.cn/
搜狐
http://www.sohu.com/
雅虎
http://cn.yahoo.com/
网易
http://www.163.com/
新浪
http://www.sina.com/

图1-6 常见的搜索引擎

提示 各个网站的下载音乐的方法有所差别，但也是大同小异，按照向导走就可以完成下载。

三、欣赏音乐，免费播放器

下载到电脑里的音乐必须有一个播放器软件来实现歌曲的播放，"音乐播放器"就是一种用于播放各种音乐、视频文件的软件。在 Windows XP 操作系统中有一个自带的免费音乐播放器软件：Windows Media Player。它不需要下载，只要打开电脑启动它，就可以播放歌曲了。

1. 启动 Windows Media Player

直接单击计算机【任务栏】中 Windows Media Player 播放器图标（如图 1-7 所示）即可进入 Windows Media Player 界面。

Windows Media Player 播放器图标

图1-7　Windows Media Player图标位置

如果你的计算机任务栏中没有Media Player的图标，没有关系，可以通过下列方法打开此软件。依次单击计算机"任务栏"的【开始】→【所有程序】→【Windows Media Player】，即可打开。Windows Media Player播放器有两个操作界面，一个是"媒体库"，一个是"播放界面"，单击【切换图标】即可进行界面转换，如图1-8所示。

图1-8　Windows Media Playe 播放界面

2．播放歌曲

进入 Windows Media Player 播放界面就可播放歌曲了。最简单的方法就是打开一个存放歌曲的文件夹，选中一首歌曲，按住左键直接拖入播放器界面中进行播放，如图 1-9 所示。也可以同时选中多首歌曲一起拖入播放器依次进行播放。

图1-9　直接拖入歌曲到播放器中

3．收藏歌曲

播放器内带有一个音乐文件的播放菜单，即"播放列表"。如果对播放的歌曲意犹未尽，还可以将它们保存起来，供以后欣赏。方法是：鼠标放置在播放界面中，单击右键出现菜单，选择【显示播放列表】，此时界面的右侧会出现一个正在播放的曲目列表，如图 1-10 所示。

图1-10 "显示播放列表"

单击"播放列表"中的【保存列表】，这些曲目将存入播放器中，下次打开播放器的时候可以直接播放它们。当"播放列表"中的曲目不想听了，单击"播放列表"中的【清除列表】，这些曲目将被删除，也可以选择单独删除其中一首，方法是将鼠标放在被删除的曲目上单击右键，然后在出现的下拉菜单中，选择【从列表中删除】，这支曲目将被删除。

歌词同步 赏心悦目

当学会了用音乐播放器在电脑上听音乐，下面一款能自动从网上同步搜索并下载匹配歌词到电脑屏幕上的播放软件就是"千千静听"，它会让欣赏音乐的过程锦上添花。

"千千静听"是一款完全免费的音乐播放软件，集播放、音效、转换、歌词等众多功能于一身。小巧精致、操作简捷。它的"在线自动下载歌词""卡拉 OK 式同步显示"以及"自由编辑歌词"的功能深得用户喜爱，曾被网友评为中国十大优秀软件之一。

下载地址：http://qianqian.baidu.com/index.php

一、安装"千千静听"播放软件

1. 下载后的"千千静听"安装包出现在电脑的桌面上。单击这个安装包，进入"安装向导"，如图 1-11 左图所示。

2. 单击【下一步】弹出"选择安装位置"对话框，如图 1-11 右图所示，默认选择即可。

3. 单击【开始安装】。

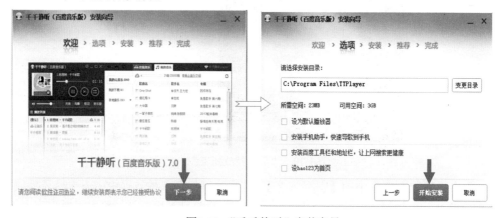

图1-11 "千千静听"安装向导

图1-12 "千千静听"播放界面

二、"千千静听"，随心所听

下载后的"千千静听"快捷图标会出现在电脑的桌面上，双击这个图标进入"千千静听"的播放界面，如图 1-12 所示。播放界面由四个窗口组成，分别是音乐窗、播放列表、歌词秀和均衡器，简洁美观是它给人的第一印象。

添加歌曲的方法也很简单，只需把喜欢的歌曲用鼠标拖拽的方法直接拖入"千千静听"播放界面就可以播放。

享受着午后慵懒的阳光，打开"千千静听"，选一曲自己喜爱的音乐，享受着一个人的自在时光，是不是很惬意！

三、歌词同步，赏心悦目

近乎完美的自动搜索、关联同步歌词的功能是"千千静听"吸引大众的杀手锏。怎么才能在网上获取同步的歌词呢？其实在我们准备开播一首歌曲的时候，"千千静听"就已经开始在网上搜索和下载匹配歌词了，同时将弹出一个"下载歌词"的对话框，如图 1-13 所示。只需单击【下载】按钮，软件会在几秒钟之内自动把歌词放到

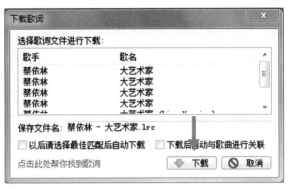

图 1-13　歌词下载界面

"歌词秀"窗口中，并以滚动字幕的形式与播放歌曲同步显示歌词。

还可以直接把歌词显示在电脑的桌面上，方法是：将鼠标放在"歌词秀"的窗口，单击右键弹出快捷菜单，选择"显示桌面歌词"，同步歌词就会切换到电脑的桌面上。"千千静听"的歌词字体优美并与播放歌曲逐字精准定位显示，带来 KTV 般的现场体验，如图 1-14 所示。

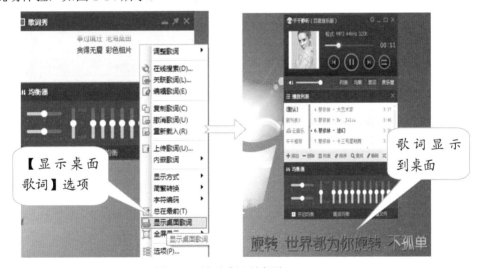

图1-14　显示歌词到桌面

一般情况下，歌词同步需要在网络环境中才能实现，那么怎么才能在不需要连接网络而实现歌词同步呢？

单击"播放界面"的 ⚙【选项】图标，弹出"选项"对话框，选择【歌词搜索】，分别在复选框"播放音频文件时自动在线搜索""保存成歌曲文件相同的文件名"

"保存到歌曲所在的文件夹"前打勾，如图1-15所示。之后只要把每首歌曲都播放一遍，歌词文件就自动下载到本地计算机里，下次播放这些歌曲时，即使不在网络环境中也能照显歌词，做到歌词同步。

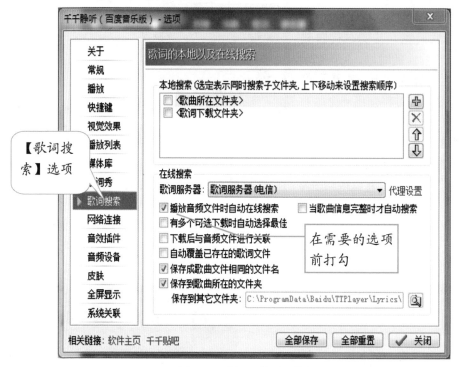

图1-15　歌词下载到计算机里

美妙音效　插件帮忙

做为有完美主义情结的人，往往总是不满足于现状，更高的追求成为他们行动的动力。如果你想提升一下音乐的品质，以获得某种情境音乐的效果，那么各式各样的音乐插件可以帮助实现。插件是为辅助软件功能而编写出来的小程序。把它安插在软件中，可以增添或增强该软件的功能使之更趋于完美。插件有无数种，顾名思义安放在播放器软件中的插件就是"音乐插件"。

"千千静听"扩展包"2007——音效插件包 Build 1001"就是目前针对"千千

静听"的一个资源插件集合包。

下载地址：

http://download.pchome.net/multimedia/mp3/player/download-37019.html

一、启动"千千静听音效插件包"

1. 在"千千静听"播放界面，单击【选项】图标，弹出"选项"界面，选择【音效插件】，如图1-16所示，窗口即出现"千千静听音效插件包"的目录，说明此插件包已经自动加载到播放器中了。

图1-16　安装音效插件

如果窗口里没有出现"插件目录"，那么需要手动加载它们，单击"插件目录"右边的【浏览】按钮，找到"插件包"的存放地点，这个默认的存放地点在 C:\Program Files\TTPlayer，添加即可。如果想启用"插件包目录"中的任何一个插件，只要在这个插件选项前面打勾，此插件即被激活；如果不想使用某个音频插件了，去掉该插件前面的勾，此项效果即被关闭。

二、拥有特效，插件加盟

插件能够增强播放器识别音频文件的能力，并能获得某种情境音乐的效果。给音乐提供各种音效，比如重低音、环绕效果等等功能来满足不同用户的需要，有了这些插件可以使音质有很大的提高。

● DFX 音频效果佼佼者

这是一个界面非常酷的音效插件，它对 MP3 播放的音质改善会让你大吃一惊。作为一个专业的 DFX 音效插件，软件提供了高质量音频信号处理算法，可以显著提高 MP3 音乐的欣赏效果，特别是使低音部分和空间感改善明显。在高保真、环境音效、动态推进、超重低音方面也做得十分出色，是一款高品质的音效插件，如图1-17 所示。

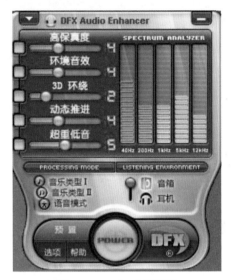

图 1-17　DFX 音频插件

● Enhancer 高音实力派

音乐经过 MP3 压缩后会损失一些高频信号，Enhancer音效插件（如图1-18所示）就是利用了专门的技术来补偿这些高频信号的丢失，使用后音乐会变得通透、有光彩。但是，要注意不要设置太大的数值，否则声音听起来会空洞。

图 1-18　Enhancer 音频插件

● Isotope Ozone 混音制造师

这是一个可以酝造出多种声音混响环境的音频插件。提供了几十种预设的配置方案供选择，包括激动人心的母带处理效果，可以让播放效果更上一个台阶。

真实的混响是对于想要从多个声音效果中将其中个别的声音效果分离出来而言，举个例子，要在众多个钟声中获得一个教堂塔楼的钟声，得到这个敲钟声到达峰值状态，分离出这个钟声的敲击声并使其尾音渐弱，此插件就是增加音乐层次分明的音频效果，让那个尾声得到完美的再现，这真是一个美妙的工具。

● OctiMax 震撼环绕体验

这是一个增强环绕声音的音效插件，可使欣赏者有一种被来自不同方向声音包围的感觉，如图1-19所示。它的很多功能与DFX插件很类似，使用其中的一个就可以了。如果播放的音乐是ape、wav等格式的高码率音频文件，使用插件就可以起到事半功倍的作用。相反播放码率较低的音乐，使用了插件后效果也不会很好，杂音会很重。

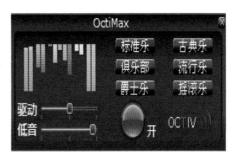

图 1-19　OctiMax 音频插件

虽然留声机、录音机、CD、MP3、VCD、DVD在音乐传播中都具有可重复性，但音乐的内容受到了很大的限制。而网络音乐给人们的选择视听提供了无限大的音乐欣赏空间。网络音乐最大的特点是音乐可以不受限制地被重复、再现。一首乐曲从它诞生之日起，只要经过互联网传播，就可能被无限量传递、下载，不受空间、时间的制约和限制，找歌、听歌可以在任何时候和任何地点上网来实现。

本章将介绍如何在酷狗音乐网上听歌和下载喜欢的音乐；如何利用 QQ 这个聊天工具收获聊天娱乐一举两得的快乐；如何玩转音悦台、追赶 MV 时代的脚步，让你的音乐品味更胜一筹；如何利用 Total Recorder 录音软件，将网络上不能下载的音乐信手拈来。

第二章

网上音乐大本营

本章学习目标

◇ 酷狗音乐 一见倾心

"酷狗音乐盒"是一款集在线音乐搜索、下载和播放功能于一身的播放软件，不仅资源丰富，使用起来也非常简单。酷狗自带播放器，不需要其他软件帮忙即可播放和下载音乐。

◇ 聊天听歌 一举两得

"QQ音乐"是一款免费的音乐播放器，拥有众多的用户，"QQ音乐"的最大优势就是在使用聊天工具的同时一并享用"QQ音乐"带来的娱乐便捷。

◇ 视频音乐 视听两悦

如今，音乐已进化到了MV时代，更多的人选择观看MV来了解喜欢的音乐和艺人。音悦台是一款主打高清MV的免费音乐应用平台，本节介绍如何成为"悦友"，并在网站上建立"我的家"，加入"饭团"成为心仪偶像的粉丝以及如何赚取"积分"来下载高清的MV作品。

◇ 网上音乐 信手拈来

怎么才能把"在线播放"的音乐下载到自己的电脑里呢？Total Recorder是一款录音软件，被网友形象地称为"网络录音机"，它可以把各种音源的声音录下来，有了它就能轻松地将网络上的音乐信手拈来。

酷狗音乐 一见倾心

这是一个崇尚网络的年代，网络音乐更是以其自由演绎的风格受到众多网民的宠爱。时下，大众娱乐正充分享受着网络音乐播放器带来的便捷。想又快又不挤占个人硬盘空间在网上欣赏音乐吗？只需短短几秒钟，让所选的音乐自动播放，马上进入它的世界吧。

"酷狗音乐盒"是一款集在线音乐搜索、下载和播放功能于一身的播放软件，不仅资源丰富，使用起来也非常简单。酷狗自带播放器，不需要其他软件帮忙即可播放和下载音乐。

下载地址：

http://dl.pconline.com.cn/html_2/1/88/id=42960&pn=0&linkPage=1.html#

● 听歌下歌，一学就会

1. 下载后，单击"酷狗软件图标"进入"酷狗安装程序"，如图2-1所示。一路单击【下一步】完成安装。

图2-1 "酷狗音乐"安装

2. 打开酷狗软件，在"搜索栏"输入想听的歌曲，单击【浏览】按钮就可轻松找到需要的曲目，单击🎧图标：播放和试听歌曲；单击图标➕添加歌曲到播放列表；单击⬇图标即可下载这首歌曲了，如图 2-2 所示。

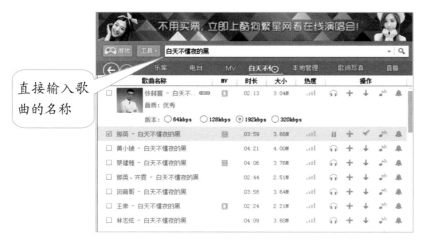

直接输入歌曲的名称

图2-2　搜索结果及播放下载

下载后的歌曲存放在酷狗指定的文件夹中，如果不知道在哪里，单击"播放器界面"上【主菜单】，在下拉菜单中选择【设置】，如图 2-3 所示。

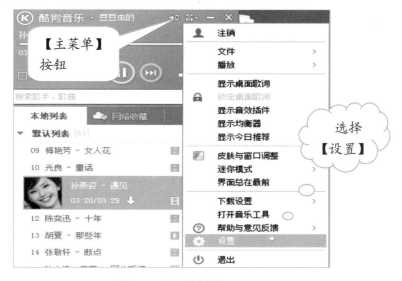

【主菜单】按钮

选择【设置】

图2-3　选择【设置】

弹出"选项设置对话框"后，选择"下载设置"选项，在"下载目录"栏中显示的就是歌曲存放的位置，也就是说歌曲下载后就保存在酷狗自动生成的"酷狗文件夹"中，这个文件夹是歌曲下载后的保存路径，方便用户可以直接找到歌曲下载的位置，进行管理。此外，与歌曲同步的"歌词文件"也一并下载到这个"酷狗文件夹"中。通过【浏览】按钮可以更改歌曲下载路径，如图2-4所示。

图2-4　选择【下载设置】

● 百万曲目，字母索引

酷狗的口号是："没有搜不到的，只有你想不到的"。面对庞大的歌曲库列表，想立即播放某首歌曲还是需要字母搜索的帮助。只要输入歌曲或歌手的首字母，或者它们的组合，例如单击"Z"字母就可以定位周杰伦的歌曲，如图 2-5 所示。

图2-5　使用"字母索引"

图 2-6 所示的就是搜索到的有关歌手周杰伦歌曲的列表。

图2-6　通过字母搜索到的歌手

● 霸气音乐，魔方界面

"酷狗7"推出了全新的微型模式界面，小巧的菱形界面设计灵感来源于80后所熟识的玩具"魔方"，这个简洁大气的微缩界面深受用户的喜爱，如图2-7所示。

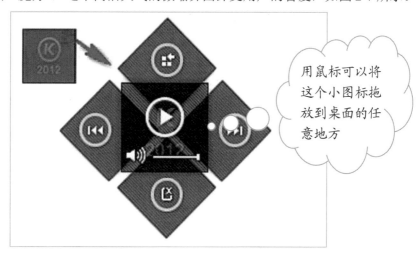

图2-7　"魔方界面"

切换到"魔方界面"的方法有两种：

方法一：打开酷狗音乐盒，单击【模式】，在下拉菜单中选择"音乐魔方模式"即可切换到"魔方界面"，如图2-8所示。

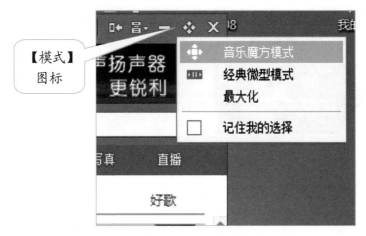

图 2-8 打开"魔方界面"方法一

方法二：打开酷狗音乐盒，单击【主菜单】→【迷你模式】→【音乐魔方模式】，也可以切换到"魔方界面"，如图 2-9 所示。

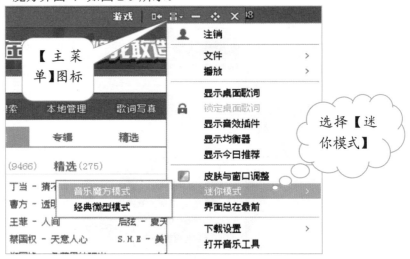

图 2-9 打开"魔方界面"方法二

进入"音乐魔方模式"后，会在桌面上保留一个图标，并可以自由拖动它到桌面的任何位置，随心所欲的操控播放器，切歌、播放、歌词控制、音量调节尽在掌控。

各种音乐播放器都是四四方方的规矩界面，再怎样更换皮肤也无法更好地突显个性，不妨来体验一下酷狗音乐的霸气音乐魔方界面吧。

聊天听歌　一举两得

腾讯 QQ 是一个拥有庞大用户群的即时聊天工具，现在已经成为了人们上网、生活中不可缺的常用软件。"QQ 音乐"是腾讯公司推出的网络音乐平台，同时也是一款免费的音乐播放器，拥有众多的用户，QQ 音乐的最大优势就是在使用 QQ 聊天工具的同时一并享用 QQ 音乐带来的娱乐便捷。

● QQ 音乐，一键安装

1. 登录 QQ 聊天，进入主界面，单击【QQ 音乐】图标，弹出"在线安装"界面，单击【安装】按钮，开始下载"QQ 音乐安装包"，如图 2-10 所示。

【QQ 音乐】图标

图 2-10 　下载"QQ 音乐安装包"

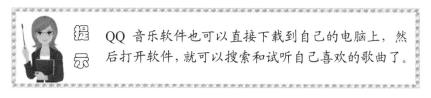

QQ 音乐软件也可以直接下载到自己的电脑上，然后打开软件，就可以搜索和试听自己喜欢的歌曲了。

2. "QQ 音乐安装包"下载完成后弹出"安装界面"，如图 2-11 所示。

图2-11　安装"QQ音乐安装包"

3．单击【快速安装】按钮，按照提示完成安装后进入 QQ 音乐主界面，如图 2-12 所示。

图2-12　QQ音乐播放器主界面

● 聊天听歌，完美搭档

如今使用 QQ 已是很多人每天都要做的事，在和朋友聊天的同时，打开 QQ 音乐就可以聊天、听歌两不误。

进入 QQ 聊天界面，单击【QQ 音乐】图标，如图 2-13 所示，即可打开【QQ 音乐】播放器。单击一曲美丽的音乐，歌词随着旋律舞动在桌面，享受着无限视听的同时和朋友聊着共同的话题，真的是很惬意的一件事。

QQ 音乐绑在 QQ 聊天工具上，所以只要登录 QQ 就能很方便地开启 QQ 音乐，让听歌下载、收藏歌曲、创建歌单、关注歌手，还有喜欢的 MV 随时随地跟着你。

图2-13　启动QQ音乐

● 点歌送友，快乐分享

如果边听边聊还不能尽兴，还可以和好友以音乐的形式互动，比如：一起听歌、点歌给好友等，享受不一样的听歌体验，使音乐不再是一个人的享受，更成为传情达意的完美途径。

在 QQ 聊天对话框中，单击下方的【点歌】图标（图 2-14），将弹出如图 2-15所示的"点歌"对话框，在"搜索栏"搜索到喜欢的歌曲，然后单击【点播歌曲】

图 2-14　点歌给对方

图标，一曲美妙的音乐将送给对方，如图 2-16 所示。

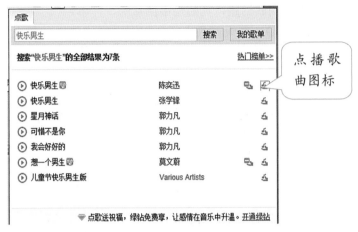

图 2-15 "点歌"对话框

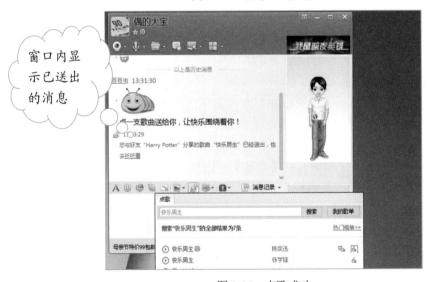

图 2-16 点歌成功

随着生活节奏的加快和工作压力的加大，人们越发离不开音乐的陪伴，除了净化心灵，获得轻松愉悦的生活体验，音乐更是连接人与人关系的纽带。QQ 音乐开创了全新的音乐社交模式，它作为一种抒发感情、传情达意的载体，又能给朋友带去爱的温暖和幸福的体验。

视频音乐　视听两悦

哇！这首歌太好听了，去看看 MV 吧！

如今的音乐已进化到了 MV 时代，音频也不再满足人们对音乐的需求，更多的人选择观看 MV 来了解喜欢的音乐、喜欢的艺人。如今大热的 Lady Gaga 的歌曲，如果没有 MV 相配，就无法完全传递 Gaga 想要诠释的信息，也错过了很多吸引眼球的画面。MV 时代，自然会出现 MV 的平台，"音悦台"就是一款主打高清 MV 的免费音乐应用平台，拥有正版高清 MV 曲库。它的视频高清度超过优酷和土豆网，是目前颇受网友喜爱的 MV 音乐网站。

音悦台网址：http://mv.yinyuetai.com/ 。

打开音悦台的网址，展示的是一个清新淡雅的界面，如图 2-17 所示。

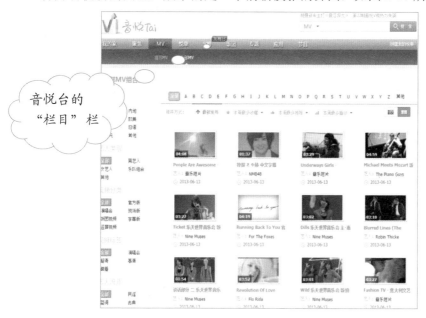

图 2-17　音悦台界面

● 栏目介绍，一目了然

音悦台别具个性的栏目设置令人耳目一新，其中包括"我的家""聚焦""MV""悦单""V 榜""饭团""专题""应用"和"节目"等栏目，如图 2-18 所示。下面对这些栏目的特点做一个简单介绍。

图 2-18　音悦台"栏目"栏

"我的家"：是用户自己的地盘，在这里，用户可以选择自己的头像、设计自己的页面、收藏喜欢的 MV、上传相片、发表日志、编辑悦单、加入饭团等一系列的私人活动。

"聚焦"：一般在首页显示，是介绍网站最新的动向和新进站的歌手专辑以及首播、音悦头条等最新资讯的板块。

"MV"：是音悦台的 MV 曲库，包括有"推荐 MV"和"全部 MV"。

"悦单"：则是把 MV 分类，以满足用户特定需求和方便查找。

"V 榜"：即 MV 在音悦台上的排行榜。

"饭团"：是"悦友"们组成的团体，加入喜欢的歌星的饭团，追逐偶像，参与活动，在"我的家"里也可以直接看到饭团最新上传的偶像视频。

"专题"：包括"新专辑发布会""歌手专题歌迷会""合作专区""艺人专访"等内容。

"应用"：下载"移动客户端"软件，就可以在手机上收看来自音悦台的 MV 曲目；下载"桌面客户端"软件，可以下载站内所有高清 MV，还能批量高速上传视频，并轻松转换高清视频的格式。

"音悦 TV"：是音悦台的音乐电视台，在线循环播放电视音乐。

"节目"：为音悦台的节目预告。

音悦台汇聚了很多的音乐爱好者和互联网高手，他们紧跟新歌发片速度，通过筛选网友上传的内容，第一时间为用户呈现 MV 作品。所以音悦台同时为用户提供了一个一起来建设"可以看的音乐世界"的平台，想要无限放大爱好，让你的音乐品味影响到千万人，音悦台将给用户这种音乐体验！

提示　同音悦台的管理人员联系也很方便，他们留下了很多联系方式，如在线客服、QQ、邮箱等，回复也较为及时，点击"客服中心"即可找到。

● 注册会员，建设"我的家"

如果只是一般的在线欣赏 MV 音乐，是不用注册会员的，但要想上传或下载 MV 或在音悦台上建立"我的家"以及参与网站的其他活动就必须要注册会员。注册会员很简单，单击主界面上的【注册】按钮，进入"注册新用户"界面，按照提示填写信息便完成注册，如图 2-19 所示。

图 2-19　音悦台的注册界面

注册后你将拥有一个自己的主页，叫做"我的家"，如图 2-20 所示。在这里可以随心所欲地建设和装饰属于自己的家园，比如，收藏心仪的 MV、建立自己的悦单、加入喜欢的"饭团"、结交"悦友"、写日志等尽在掌控之中。

图 2-20　音悦台"我的家"

● 加入"饭团"，追逐偶像

在音悦台，把"粉丝团"称作"饭团"，加入饭团就可以为追捧的歌星发贴、讨论偶像最热门的话题了。

单击【饭团】，进入"全部饭团"界面，在【搜索】栏直接查找心仪的明星，就可以很快找到偶像的位置；也可以通过单击字母查询找到歌手，比如，查找"刘欢"的操作：单击【内地歌手】，然后单击字母【L】，在列表中将出现歌手"刘欢"，单击刘欢图片右侧的【加入饭团】即可成为刘欢的饭团成员，如图 2-21 所示。

图 2-21　加入"饭团"操作

单击"刘欢"的图片即可进入"刘欢饭团"的主页，有关刘欢的 MV、演唱会、论坛以及饭团成员等信息尽在其中，如图 2-22 所示。

图 2-22　"刘欢饭团"主页

音悦台的"饭团"功能可以让粉丝管理喜欢的偶像饭团，比如，可以自行添加照片、新闻和高清视频，让自己的偶像被更多的人知道和了解，当然，这一切操作都要在不侵犯偶像和其他人的合法权益的前提下。

● 积攒积分，免费下载

已经习惯了免费下载的网民一时还很难接受付费下载，音悦台提供了用积分下载的制度，如果拥有足够的积分，就等于是免费下载了。

列举一些获取积分方法：上传视频并被采用（20 积分）、评论 MV（2 积分）、收藏 MV（2 积分）、发帖（3 积分）、打卡（20 积分）、发消息（3 积分）、创建歌单

（3 积分）、加好友（2 积分）、写日记（3 积分）等，总之，在音悦台活动越多，赚的积分自然就越多了。

上传和下载 MV，还需要安装音悦台的客户端软件——"音悦 Mini"，单击主界面上的【应用】→【移动客户端】，进入"音悦 Mini"下载界面，如图 2-23 所示。

图 2-23　"音悦 Mini"下载界面

单击【立即下载安装】进入"音悦 Mini"安装界面，如图 2-24 所示。一路单击【下一步】完成"音悦 Mini"的安装。

图 2-24　"音悦 Mini"安装界面

提示　音悦台同其他热门网站链接也较为便捷，通过"一键转帖"功能可以很快地把自己喜欢的视频转到人人网、微博、QQ 空间等网页。

安装完成后，启动"音悦 Mini"即可进其主界面，如图 2-25 所示。"音悦 Mini"

支持的三大功能："新建上传""MV 下载""格式转换",有了它就可以在这里尽情地潇洒了。

图 2-25 "音悦 Mini"主界面

● 音悦 TV,好看的音乐

音悦 TV 是音悦台提供的高清视频电台应用。用户只需要像看电视一样选择自己感兴趣的音乐频道,系统就会自动为用户连续不断播放相关的 MV 视频内容。单击主界面上的【应用】→【音悦 TV】,进入"音悦 TV"播放界面,如图 2-26 所示。

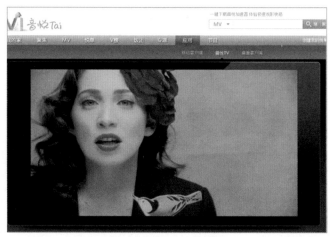

图 2-26 "音悦 TV"主界面

每一个时代都需要好歌,在这样一个影像化的年代,我们更需要好的 MV,想要无限放大你的爱好,让你的音乐品味影响到千万人,加入音悦台吧。

网上音乐　信手拈来

网络音乐给音乐的广泛传播带来了深远的影响，比比皆是的音乐网站也成为大众娱乐的好地方。但这一盛世也造成了音乐作品的侵权问题，因此带来的规范化管理让免费的音乐下载越来越少，各大音乐网站从原来的免费下载变成了在线播放，那么怎么才能把在线播放的音乐存放到自己的电脑里呢？Total Recorder 是一款录音软件，被网友形象地称为"网络录音机"，它可以把各种音源的声音录下来，有了它就能轻松地将网络上的音乐信手拈来。

Total Recorder 几乎可以录制所有通过声卡和软件发出的声音，包括来自网络、音频 CD、麦克风、游戏和 IP 电话语音的声音。Total Recorder 的工作原理是利用一个虚拟的"声卡"去截取其他程序输出的声音，然后再传输到物理声卡上，整个过程完全是数码录音，因此从理论上说不会出现任何的失真。

● 下载和安装 Total Recorder 录音软件

下载地址：http://www.hanzify.org/index.php?Go=Show::List&ID=7469

单击 Total Recorder 快捷图标，进入安装界面，如图 2-27 所示。

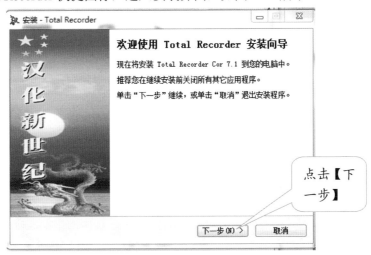

图2-27　Total Recorder安装界面

单击 【下一步】，建议不要选择安装附加程序，比如，浏览器、引擎之类与该软件无关的程序。

在下面的安装选项配置中，为软件指定安装路径，一般选择默认软件的安装路径，如图 2-28 所示。

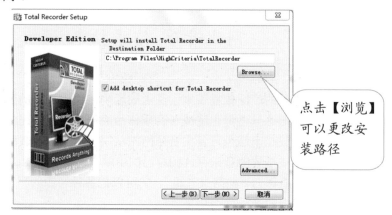

点击【浏览】可以更改安装路径

图2-28　设置软件安装路径

单击【下一步】，弹出新的对话框，在"你要将 Total Recorder 驱动设置为默认设备吗？"的选择中单击【是】，这相当于安装了一块虚拟的 Total Recorder 声卡，并作为电脑的默认声卡设备使用，这样在录制网上音乐的时候，Total Recorder 软件才能捕捉到音频的数据，如图 2-29 所示。

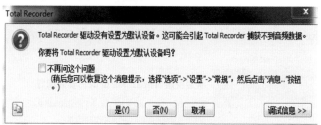

图2-29　设置Total Recorder驱动

安装完成以后，电脑将暂时使用这个虚拟的声卡，如果使用起来有问题，或者不喜欢，可以重新更改输出声音的设置。在出现的新对话框中单击【完成】，程序的安装结束。

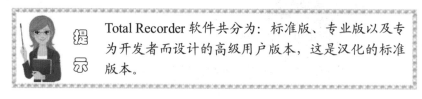

Total Recorder 软件共分为：标准版、专业版以及专为开发者而设计的高级用户版本，这是汉化的标准版本。

● 设置录制音频的来源和参数

1. 进入 Total Recorder 的录音界面，如图 2-30 所示，单击【选项】。

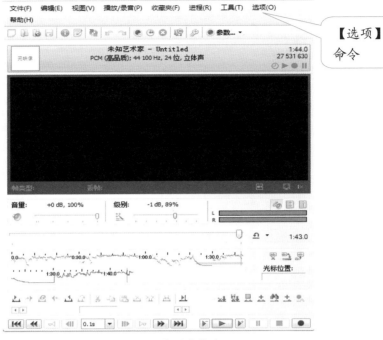

图2-30　选择录音格式

2．在【选项】的下拉菜单中选择"录音源和参数…"如图 2-31 所示，以使程序能录制到互联网上的声音。

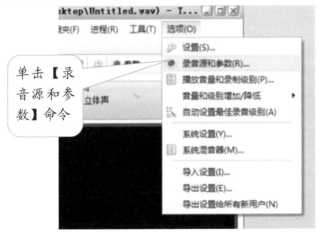

图2-31　设置录制音频的来源和参数

3．Total Recorder 的音频录音源具有"软件"（即网络）和"声卡"两种录音模式，我们选择"软件"录音模式，如图 2-32 所示。

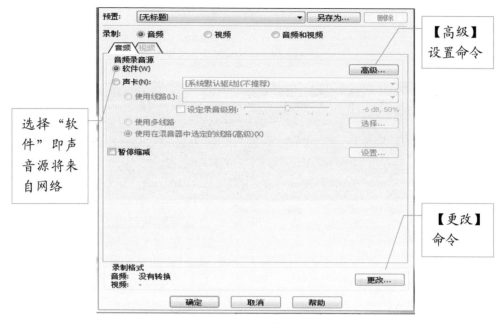

选择"软件"即声音源将来自网络

【高级】设置命令

【更改】命令

图2-32　选择音频录音源

Total Recorder 的"软件"录音模式也是软件默认的录音方式，即直接记录网络或者软件播放器发出的数据包，而"声卡"选项是录制来自录音者麦克风的声音。

4. 单击【高级】命令设置软件录音的高级参数，比如在弹出的对话框中勾选"删除静音（防止网络广播产生断裂）"即可以防止和过滤掉由于网络阻塞等原因引起的卡音，如图 2-33 所示。所以会发现在录制时即使网络上出现断断续续的卡音现象，但 Total Recorder 录制下的声音却很连贯，这是 Total Recorder 一个十分宝贵的特性，就网络录音而言，Total Recorder 是非常合适的录音软件。

"删除静音"选项

图 2-33　选择"删除静音"

Total Recorder 录音软件理论上相对声音源没有任何的失真，也就是说原来的声音源质量有多好，录出的声音质量也就有多好。

5. 单击【更改】命令进行媒体格式的设置，比如在弹出的对话框中，在"预置"下拉菜单中选择录制文件的音频格式，也就是音频质量，通常我们选择"MP3接近高品质"即可，如图 2-34 所示。

图 2-34 选择音频格式

6. 进行录音电平的控制：在"声音播放和录音电平"区，"音量"滑杆是用于控制播放音量的；"级别"滑杆是用于控制录音电平的。在网络（软件）录音模式下，可以将录音电平控制在 0 db 或者是 - 1 db 的刻度上，如图 2-35 所示。

录音音源质量高，就可以选择高品质 MP3 格式。录音音源质量低，选高的 MP3 格式也没用，仅仅只是加大了文件体积。所以选择合适的声音格式是很重要的。

特别提示：通过控制录音电平，让录音波形的幅度达到 80%左右即可。不要让电平表的指示经常处于 100%，这样会造成严重的削波失真。

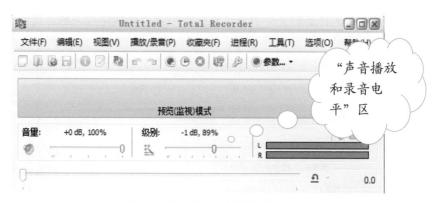

图2-35　进行录音电平的控制

● 在线实时录制

1．录制：在联机状态下，打开希望录制的在线音频，比如，在百度上搜索一首喜欢的歌曲，让它在线播放，同时单击 Total Recorder 上的【录音】键（红色按钮），如图 2-36 所示。当录制完成单击"停止录音"键（方形按钮），这样一首网络上的音乐就被录制到软件当中了。

图 2-36　在线实时录制

2．定时录音：如果录制一个很长的录音，比如 UC 娱乐房间的一场晚会，又不想一直守在电脑前录音，Total Recorder 很贴心地提供了"自动停止录音"的功能。

在 Total Recorder 的菜单上栏单击【播放/录音】按钮，在下拉菜单中选择"自动停止录音"，首先在"停止时间"里输入预定的停止录音时刻（24 小时制），再选定要保存的录音文件的文件路径。这时你就可以离开电脑干别的事情，指定时刻到了以后，Total Recorder 会自动停止录音。如果勾选了"退出 Total Recorder"，则会在保存文件后自动退出程序，如图 2-37 所示。

图 2-37 "定时录制"设置

● 保存录制的音频文件

单击菜单栏上的【文件】→【保存】，在弹出的对话框中为录制的音频文件命名并选择存储路径，如图 2-38 所示。

因为之前我们在"媒体格式"的"预设"中设置了录制文件的音频格式为"MP3接近高质量"，所以录制的音频文件就将以这个格式保存下来。

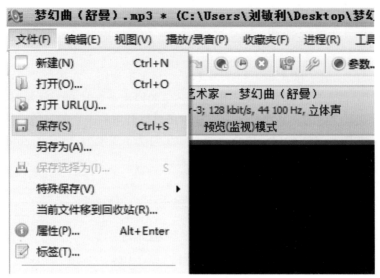

图 2-38　保存录制的音频文件

　　如果想重新定制音频文件的格式，单击【保存】后，在弹出的文件夹中单击【更改】按钮，弹出"媒体格式"对话框，在"文件类型（库）"的下拉菜单中，提供了多种文件格式可供选择，如图 2-39 所示。

图2-39　保存录制的音频

默认情况下，Total Recorder 是首先将文件保存成.wav 格式，保存时用"更改"功能来完成对 MP3 格式的保存。

　　此外，在【文件】→【特殊保存】中，软件还提供了"修复""分割""合并"音频文件等功能。

作为流行与时尚的追赶者，同时也将是创造者，主动与被动之间只是一念之差，却是两种不同的思维和心态。作为音乐的聆听者，你完全可以变被动式的"听"为有个性的创造，充分发挥海阔天空的想象，为自己的音乐殿堂注入更多的灵感和创意。

可以将一张爱不释手的 CD 光盘通过格式转换的方法存放到电脑里播放；可以通过录音软件录下自己美妙的歌声并通过刻录软件制作成自己的个性专辑拿去分享给朋友；可以利用录音软件的"消音"功能，让制作"伴奏带"成为一件轻而易举的事情；可以DIY 一个凸显个性的手机铃声，让好听的声音如影随形；可以给自己和爱车亲手制作一张车载光盘，让它成为你的好伴侣；还可以让老旧磁带华丽变身成MP3，让那些往日珍贵的歌曲或外语磁带重新焕发青春。接下来的内容一如既往的精彩，将一把开启音乐殿堂的钥匙送给你。

第三章
我的音乐我制作

本章学习目标

◇ 翻录 CD 为我所用

使用 Windows Media Player 播放软件的翻录功能，可轻松地将 CD 光盘转换成 MP3、WAV 等格式的音乐文件，然后存放到电脑、MP3 机或手机上随时随地供自己欣赏喜欢的音乐。

◇ 我的歌声 我来录制

Cool Edit 2.1，是一款人气很旺的多轨录音软件，它是一个非常出色的数字音乐编辑器和 MP3 制作软件。展示自我魅力，想拥有偶像般的体验，就来制作属于自己的音乐专辑吧。

◇ 消除原声 获取伴奏

利用 Cool Edit 2.1 录音软件的"消音"功能，让制作"伴奏带"成为一件轻而易举的事情。

◇ 手机铃声 亲手制作

好听的声音让人百听不厌！介绍一款剪切手机铃声的魔力工具——"MP3 手机铃声剪切大师"，让好听的声音如影随形。

◇ 车载 CD 轻松搞定

音乐是开车人永远的伴侣，把自己喜欢的音乐做成车载 CD 光盘，给自己和爱车配备一个好伴侣。

◇ 老旧磁带 华丽变身

估计你的家里还会有一些老旧的录音磁带没舍得扔掉吧，现在有好办法了，把磁带转成 MP3，让那些往日珍贵的歌曲或外语磁带重新焕发青春！

翻录CD 为我所用

有时候碰到一张爱不释手的 CD 光盘，但由于里面的歌曲不能直接复制到电脑中，只能通过光驱播放，是不是很不方便呢？使用 Windows Media Player 播放软件的翻录功能，就可以轻松地将 CD 光盘转换成 MP3、WAV 等格式的音乐文件，然后存放到电脑、MP3 机或手机上随时随地欣赏自己喜欢的音乐了。

翻录CD的具体操作步骤如下：

1．把 CD 光盘放入电脑的驱动器中。

2．打开 Windows Media Player（这个软件前面介绍过）进入"媒体库"界面，选择【光盘】选项，窗口内即出现 CD 光盘的歌曲列表，如图 3-1 所示。

图3-1　选择【光盘】选项

3．选择音频格式：单击【翻录设置】按钮，在下拉菜单中选择【格式化】，然后在下级菜单中选择喜欢的音频格式，这里选择的是MP3，如图3-2所示。

提示

简单地将 CD 光盘拷贝到电脑只能得到大小为 1KB 的曲目快捷方式，所以必须使用抓轨的方式才能得到真正的音乐文件。抓轨的软件很多，还有 GOLD-WAVE、TVC 等。

Windows Media Player 可以将 CD 音乐翻录成 6 种格式：Windows Media 音频、Windows Media Audio Pro、Windows Media 音频、Windows Media 音频无损、MP3 和 WAV（无损）。选择哪一种格式主要取决于你的用途，这 6 种格式翻录后音乐文件大小、质量以及兼容性是不一样的，假如只是放在电脑里用于平时欣赏，而且对音质要求不高，那么可以选择 Windows Media 音频或 MP3 格式；假如打算放到互联网上用于在线播放的话，建议采用 Windows Media 音频；如果用于备份 CD 音乐光盘，而且对音质要求非常高的话，建议采用 Windows Media 音频无损或 WAV（无损），这两种格式都能保证最高的翻录质量。有所不同的是，Windows Media 音频无损文件占用空间少，但对播放器的兼容性不好；WAV 格式占用空间较大，但兼容性不成问题。

图 3-2　选择音频格式

4．选择音频质量：单击【翻录设置】按钮，在下拉菜单中选择【音频质量】，然后在下级菜单中选择需要的音质，这里选择的是 192kbps，如图 3-3 所示。

5．更改存放位置：翻录后的文件被默认存放在 " C:\Users\Administrator\Music" 目录下。可根据自己的需要更改存放地点：单击【组织】按钮，在下拉菜单中选

图 3-3　选择音频质量

择【选项】，弹出 "选项" 对话框，单击【翻录音乐】按钮进入图 3-4 所示界面，选择【更改】按钮，便可把翻录的音乐文件存放到满意的地方了。

图3-4　更改文件存放位置

6. 开始翻录：在"媒体库"界面单击【翻录 CD】按钮，即开始翻录 CD 到电脑中，如图 3-5 所示。

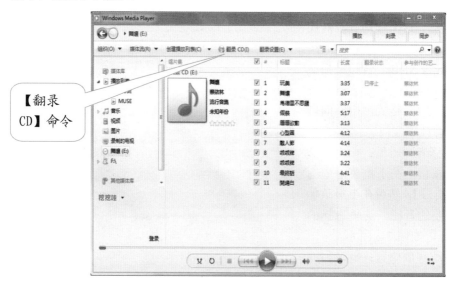

图3-5　开始翻录音乐

有的时候翻录后的 CD 音质变差了，这种情况确实存在，当原盘有划伤，或 CDR 盘质量低劣时就会产生数据丢失的现象，从而影响到音质。

我的歌声　我来录制

展示自我魅力，想拥有偶像般的体验，就来制作属于自己的音乐专辑吧。

一、硬件准备（图3-6）

1．电脑一台。

2．一块录音效果不错的声卡。很多电脑是主板集成的声卡，有条件的可以购置一块单独的声卡，录音时可以给予麦克风混响，让演唱者更容易忘我地投入。

3．话筒。话筒的拾音能力是录制声音的关键，效果不错的是卡啦OK动圈话筒，由于声卡接口小于动圈话筒的插口，这时需要购置一个转接头 6.35 mm ～ 3.5mm，当然用普通的也可以。如果只是想随便录着玩玩，就用大家常用的那种耳麦录制也是可以的。

4．话筒架。这是个选配设备，不过一些高灵敏度的话筒哪怕是手轻轻碰一下，也会有噪声录入。

5．耳机。声音录制必备的设备，总不能开着音响听伴奏吧，这样在录音的时候会把伴奏也录进去，就不好后期处理了。

二、软件下载

1．录音软件

图3-6　硬件准备

Cool Edit 2.1，这是一款人气很旺的多轨录音软件，也算是专业的操作平台。它是一个非常出色的数字音乐编辑器和 MP3 制作软件。不少人把 Cool Edit 形容为音频"绘画"程序。它还提供多种特效为你的作品增色，例如放大、降低噪声、压缩、扩展、回声、失真、延迟等。可以同时处理多个文件，轻松地在几个文件中进行剪切、粘贴、合并、重叠声音操作。该软件还包含有 CD 播放器；支持可选的插件；崩溃恢复；支持多文件；自动静音检测和删除；自动节拍查找等功能。

下载地址：http://www.5sing.com/help/detail-66.html

2．效果器插件

效果器，可对音色施加效果及产生影响。不经过加工的音乐会给人一种美中不足的感觉，可以说效果器在音乐的构成中是必不可少的，效果器插件的种类很多，"效果--DirectX--BBE Sonic Maximizer"就是一个很不错的效果器插件包。

对于初学者来说，如果只是想录一首比较满意的曲子，使用 Cool Edit 自带的效果就够了。当然如果想让你的声音更接近专业水平，插件是一定要用到的。

三、伴奏音乐

硬件和软件设施都准备好了还要准备要录制的歌曲的伴奏文件。网上有很多免费的伴奏音乐，去找一首你喜欢的歌曲吧。推荐几个伴奏音乐下载的网站，如图3-7所示。

图3-7　推荐的伴奏音乐网站

四、录制人声

● 插入伴奏音乐

打开 Cool Edit 录音软件，这个软件共有两个编辑界面，即"波形编辑界面"和"多轨界面"，单击界面左上角"波形图标"可以切换界面，如图 3-8 所示。

图3-8　Cool Edit 界面

插入伴奏音乐：进入"多音轨界面"，窗口内有四条"音轨"，将鼠标放置音轨 1 范围内，单击右键出现快捷菜单，选择【插入】→【音频文件】将伴奏文件插入到录音软件中，如图 3-9 所示。也可以单击【打开】按钮完成插入伴奏文件的任务。

图 3-9　插入伴奏文件

● 录制人声

1. 调整音量：录制人声的时候要关闭音箱，通过耳麦来听伴奏，跟着伴奏进行演唱和录音，录制前，一定要调节好音量，这点很重要。

右键单击【V0】按钮，弹出"音量"控制滑键，如图 3-10 所示，可以调节各个音轨的音量。另外，麦克的音量最好不要超过总音量大小，略小一些为佳，因为如果麦克音量过大，会导致录出的波形成了方波，这种波形的声音是失真的，无论你水平多么高超，也不可能处理出令人满意的结果。如果麦克总是录入从耳机中传出的伴奏音乐的声音，建议用普通的大话筒，只要加一个大转小的接头即可直接在电脑上使用，会发现录出的声音要纯净很多。

图 3-10　调节音量

提示　伴奏文件应选择 MP3 格式的音频文件，MP3 以体积小、音质高的特点使得该格式几乎成为网上音乐的代名词。

2. 人声录音：音轨 1 上已经显示出刚刚插入的伴奏音乐文件，在音轨 2 上进行人声录音，按下音轨 2 的【R】按钮，如图 3-11 所示。

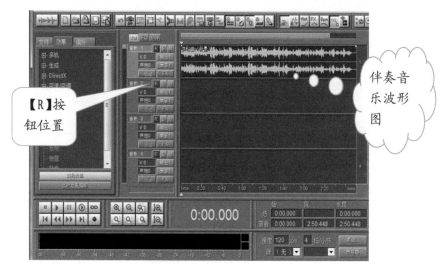

图3-11　准备人声录制

单击界面左下方的红色【录音】键，跟着伴奏音乐开始演唱和录制，如图 3-12 所示。录制完成后要释放【R】键和【录音】键。

图3-12　开始录音

3．试听：录音完成后，可单击界面左下方播音按钮进行试听，如图 3-13 所示。如果不满意可以删除重新录制。删除的方法是，用鼠标单击音轨中的波形文件，选中后按键盘上的【删除】键即可。

图3-13　试听波形图

4．人声放大：如果试听感觉录制的人声比较小，可以做放大处理。在"波形编辑界面"，单击【效果】→【波形振幅】→【音量标准化】，如图3-14所示。

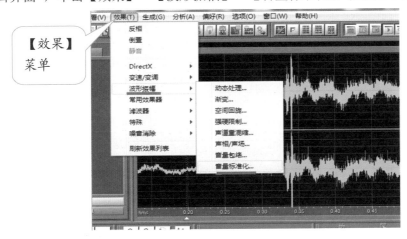

图3-14　人声放大操作

5．弹出"标准化"对话框，选择"标准化到100"，也就是最大化，单击【确定】，如图3-15所示。

音量标准化的意思就是把该段波形的最大音量处提升到0dB为标准而做的整体

图3-15　音量放大选择

音量提升。标准化以后就不要再提高音量了，不然音色会失真。放大后的人声录音波形图明显变大，如图 3-16 所示。

图3-16 "人声放大"波形图

五、降噪

降噪是至关重要的一步，做得好有利于下面进一步美化你的声音，做得不好就会导致声音失真，彻底破坏原声。

1. 选择噪点：在"波形编辑界面"单击左下方的波形水平放大按钮（带"+"号的两个分别为水平放大和垂直放大）放大波形，找出一段适合用来做噪声采样的波形，注意一定要在没有人声的空隙处采样，因为我们要消除的是环境噪声。点鼠标左键拖动高亮覆盖所选的那一段波形，如图 3-17 所示。

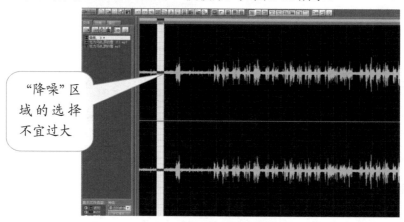

图3-17 选择噪点

2. 噪声采样操作：单击【效果】→【噪声消除】→【降噪器】，如图 3-18 所示。

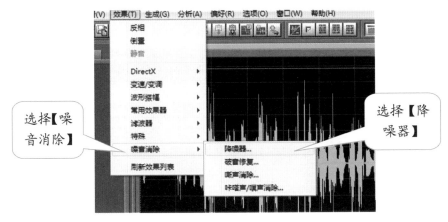

图3-18 噪声采样操作

3. 抽离噪声：弹出"噪声采样"对话框后，单击【噪声采样】，然后【确定】，噪声样本即被记录在"当前采样"框中了，如图3-19所示。降噪器中的参数按默认数值即可，随便更动，有可能会导致降噪后的人声产生较大失真。

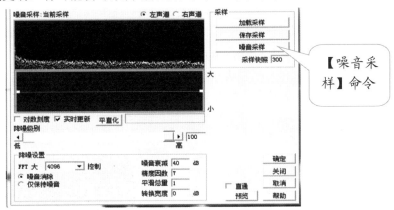

图3-19 当前采样

4. 消除噪声：双击选中全部波形文件，再次单击【效果】→【噪声消除】→【降噪器】，进入"噪声采样"对话框后，直接单击【确定】按钮，噪声就被消除了。

 点【确定】降噪前，可先点【预览】试听一下降噪后的效果，如失真太大，说明降噪采样不合适，需重新采样。有一点要说明，无论何种方式的降噪都会对原声有一定的损害，图3-20所示的是降噪后的波形图。

"噪声采样"是可以重复进行的，但一次采样的区域一定不要太大，否则会影响到人声的质量。

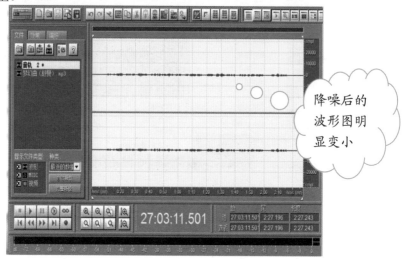

图3-20 降噪后波形图

5. 静音处理：在录制人声的前奏区域可以做直接静音的处理，选中单击前奏的区域，单击【效果】，在出现的快捷菜单中选择【静音】，如图3-21所示。在录制的过程中，如果出现大的噪声点也是可以用静音的方法除去的，前提是这个噪声点是单独出现的，对于跟人声一起出现的噪点就没有办法消除了。

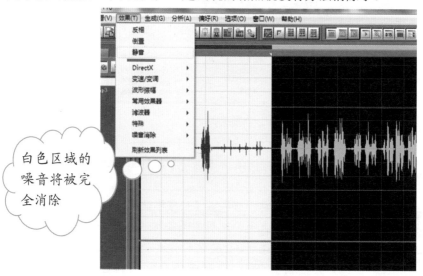

图3-21 静音操作

六、加入混响

混响的调整相当重要，原则是要符合歌曲的氛围，要与伴奏很好地吻合，不宜混响过大造成过分的空旷感，也不要混响过小显得干巴巴，湿度、回响度、空间感要适当。做过混响处理后，可以使你的声音不那么干涩，变得圆润和厚重一些。

依次单击【效果】→【常用效果器】→【混响】，弹出"混响对话框"，选择【自然混响】，单击【确定】，如图 3-22 所示，这样混响效果就加进去了。

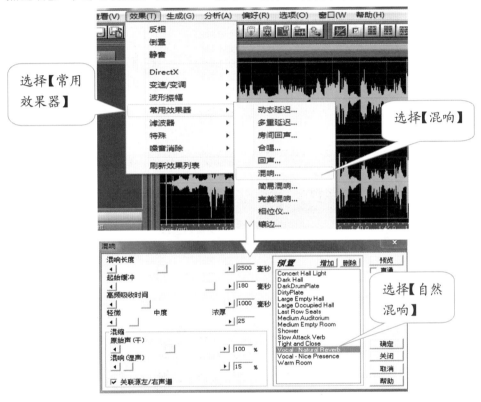

图 3-22　加入混响操作

七、使用"调音台"

"调音台"的作用是如果你的音调比较低沉，可以提升高音使声音更清晰；如果声调偏高，可将它调整得柔和悦耳。

1．双击选中波形文件，依次单击【效果】→【滤波器】→【图形均衡器】，如图 3-23 所示。

2．弹出"图形均衡器"对话框，如图 3-24 所示。

这个"图形均衡器"就是"调音台"，上面有"10 波段""20 波段"和"30 波段"均衡器可以选择。这里选择"10 波段"，单击【全部复位】按钮，然后根据

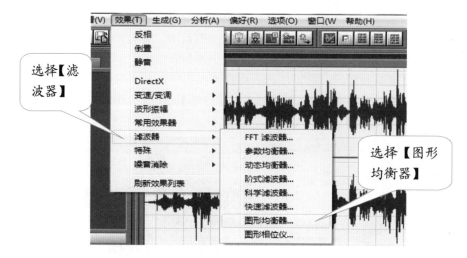

图 3-23　使用"调音台"操作

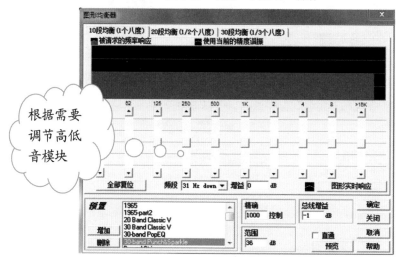

图 3-24　"图形均衡器"对话框

需要调节高低音模块，要单击【预览】按钮试听效果，建议边听边调整，满意后单击【确定】按钮。

八、加入外部效果器插件

如果追求声音更加完美，让它接近专业水平，就要用到一些外部的效果器插件来帮忙了。推荐几个比较常用的效果器插件：

1. 人声激励：选择"DirectX-BBESonic Maximizer"插件，激励的作用就是产生谐波，对声音进行修饰和美化，产生悦耳的听觉效果，它可以增强声音的频率动态，提高清晰度、亮度、音量、温暖感和厚重感，使声音更有张力。

2．压限处理：选择"wavesC4"插件，压限的作用是人声的高频不要"噪"，低频不要"浑"。根据自己的人声调整正确的数据.

3．混响：选择"Reverb R3"插件，不同的曲风混响效果都是不一样的，这需要不断地积累经验，具体的数据要靠自己的耳朵去感觉，去反复地试听。

4．均衡人声：选择"Equalizer"插件，主要作用就是均衡人声，让高频在保持不噪的前提下调整到清晰通透；低频保证不浑浊的前提下调整到清晰、自然。

图 3-25　保存录音文件

使用 Cool Edit 2.1 自带的效果给声音润色，对于初学者来说就够用了，所以这里不再对外部效果器插件的具体使用做详细介绍。

九、保存录制文件

1．单击【文件】在快捷菜单中选择【混缩另存为】，如图 3-25 所示。

2．弹出"另存 16 位混缩音频"对话框，在"保存类型"下拉选项中选择MP3 格式，选择存放位置

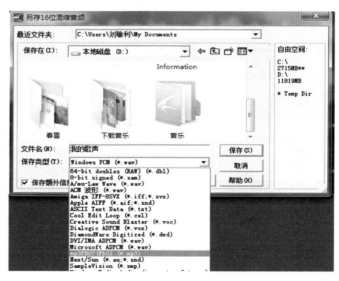

图 3-26　选择保存文件格式

后单击【保存】，如图 3-26 所示。这样一个个人音乐作品就制作完成了，记录专属于你的声音，享受明星般的快乐！

消除原声 获取伴奏

有没有过这样的经历，想学一首歌，可是原声一直存在，又找不到单独的伴奏带，怎么办呢？Cool Edit 2.1 录音软件强大的处理音频的功能可以帮你忙，它的"声道重混缩"功能，就是通过声道的分离将人的声音和背景音乐分离出来，它让制作"伴奏带"成为了一件轻而易举的事情。

1. 导入一首歌到 Cool Edit 2.1，切换到波形编辑界面，这时看到两个声道，如图 3-27 所示。

图 3-27 波形编辑界面

2. 单击【效果】→【波形振幅】→【声道重混缩】，如图 3-28 所示。

有一些喜欢朗诵的朋友经常苦于找不到合适的背景音乐，用 Cool Edit 录音软件的"消音"功能可以选择更多的音乐来完成背景音乐的制作。

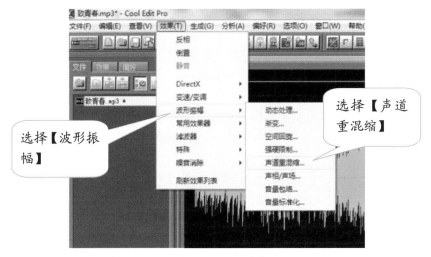

图 3-28　导入歌曲

弹出"声道重混缩"对话框，在预设里选择"Vocal Cut"（消声），单击【预览】，将会听到软件对音频文件消声编辑后的效果，如果还不够满意可以通过调节左右声道上的小滑块，直到达到满意效果，如图 3-29 所示。

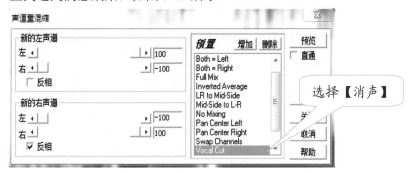

图 3-29　"声道重混缩"对话框

3. 单击【确定】输出后回到波形编辑界面，单击【文件】→【另存为】保存，这样一个自己制作的伴奏音乐就完成了。

我们这里所完成的消音只是 Cool Edit 菜单中的一个独立功能，你会发现制作出的这个伴奏与原声带的声音还是有所不同的，音质也是有所下降的，隐约还能听到原唱的声音。如果对音频质量要求不是很高的话，这样的伴奏效果完全可以拿去当作卡拉 OK 的背景音乐；如果想制作出更专业的伴奏效果，还另需进行更多细致的音频处理和调整。

手机铃声 亲手制作

现在生活，手机已经不算是时尚的东西了，而手机彩铃从最初的一种简单电信增值服务发展成为了凸显个性的流行时尚，因此层出不穷的手机铃声制作软件应运而生。

好听的声音让人百听不厌！介绍一款剪切手机铃声的魔力工具——"MP3 手机铃声剪切大师"，它会让好听的声音如影随形。

下载地址：http://www.skycn.com/soft/51511.html

这款软件非常小，只有 1MB，使用它裁剪音乐非常简便，还可以一边剪一边听，轻松将歌曲的高潮部分准确地剪切出来，保存为单独的音乐文件，剪切点精确到毫秒级。

1. 导入音频文件

运行"MP3 手机铃声剪切大师"软件，进入主界面，单击【打开】命令，选择导入要剪切的 MP3 音频文件，如图 3-30 所示。

图3-30　导入音频文件

当音乐文件导入"MP3 手机铃声剪切大师"软件后，主界面上灰色的按钮全部被激活，就可以操作了。

2．设置歌曲片段

去掉 MP3 歌曲的前奏，把最好听的高潮部分剪切出来。单击【播放】按钮，导入的歌曲即开始播放，在想要的音乐节点上单击【设为开始】，即为裁剪的开始点，在音乐的播放过程中截取结束点，单击【设为结束】，即为裁剪的结束点，如图 3-31 所示。

图3-31　设置歌曲片断

　　歌曲裁剪完成后，"设置剪裁点"条上显示截取位置，单击【片段试听】按钮可以试听歌曲剪裁的效果。如果对刚才的剪裁不够满意，可以重新剪裁直到满意为止。

　　3．个性化设置

　　几个便捷的设置就可以实现个性化的铃声效果，个性一下自己的爱机，犒劳一下自己和别人的耳朵！

　　● 想提高手机铃声的音量？

　　勾选"音效处理"，分别在"增大音量""速度控制"复选框前打勾，并在下拉列表中选择合适的数值，如图 3-32 所示。

　　● 想让音乐渐强渐弱？

　　"淡入"可以使音乐逐渐开始，不显得那么唐突；"淡出"让音乐有渐渐远去的感觉。勾选"淡入""淡出"，并在下拉列表中选择合适的数值，如图 3-32 所示。

　　● 想要超好音质的铃声？

　　单击"比特率"下拉列表，选择合适的数值，如图 3-32 所示。比特率与音频

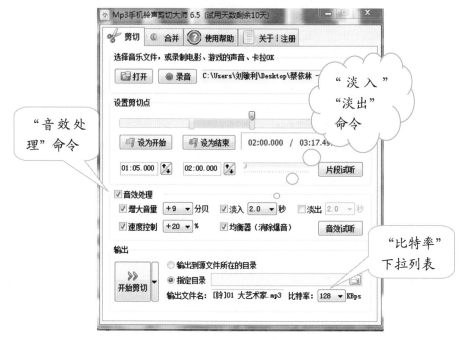

图3-32　个性化设置

压缩的关系简单地说就是比特率越高音质就越好。

● 想要节奏强烈的声音？

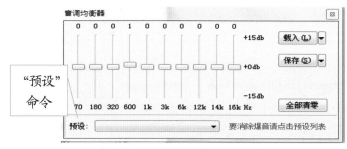

图 3-33　音调均衡器调节

勾选"均衡器"弹出"音调均衡器"对话框进行音调调节，如图 3-33 所示。单击"预设"下拉菜单可根据需要选择"消除爆音""突出人声""过滤低音"等选项，以获得突出某种声音的效果。个性化设置完成后，单击【音效试听】按钮，检验试听一下所裁剪的手机铃声是不是满意。

4．保存手机铃声

制作好的手机铃声将被存放到源文件所在的目录中，也可以重新指定存放位置，然后单击【开始剪切】命令，裁剪开始，如图 3-34 所示。

有很多朋友天天以折腾手机铃声为乐，如今的手机铃声已不只是来电的提示音了，也成为了一种新兴的手机文化。当你的手机发出一种个性极强、穿透力极高的声音，当你在别人羡慕的目光中悠然自得地拿出爱机接通电话，那个瞬间有点酷吧？动心了吗？也 DIY 一个超个性的手机铃声吧。

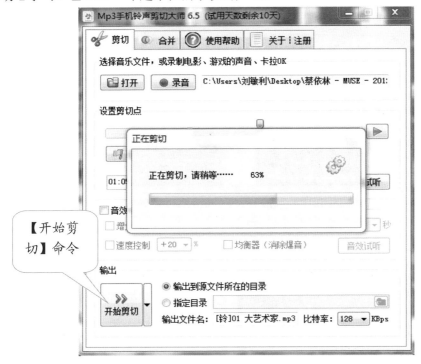

图3-34 开始裁剪

提示 可以用 Cool Edit 2.1 录音软件录制一段自己的声音来作为非常个性化的手机铃声。

车载 CD 轻松搞定

音乐是开车人永远的伴侣，有车一族每天在车上的活动已成为生活的重要一部分。把自己喜欢的音乐做成车载 CD 光盘，当音乐在流动的车海里飞扬，你会拥有人车合一的愉悦。亲手制作一个 CD 光盘，给自己和爱车配备一个好伴侣。

● 搜集音乐好去处

首先要创建一个文件夹，把自己喜欢的音乐存放在里面。网络上可下载车载音乐的网站非常多，这里推荐几个音质比较好的音乐网站，如图 3-35 所示。

图 3-35　推荐的几个音乐网站

● 光盘类型要了解

一般的 CD 都会有这样的信息：CD-R/48X/ 700MB\80MIN（就是该 CD 的参数），如图 3-36 所示。

CD-R 表示此光盘是一次写入光盘，（CD-RW 为可擦写光盘）；48X 表示该光盘支持的最大刻录速度（不同的刻录机支持的速度不一样）；700MB 表示该光盘容量为 700MB；80MIN 表示该光盘最大支持的播放媒体时间为 80 分

图 3-36　CD 光盘的参数信息

钟（一般可以更大，视刻录机和光盘质量而定）。

● 硬件设备需搞清

首先查看一下电脑光驱是否有刻录机功能。方法很简单，查看"我的电脑"，在光驱图标下面如有"DVD-RW"字样即是DVD刻录机，如果显示"DVD-ROM"字样就是DVD读取光驱，那就需要使用另外一台刻录机了。

● 刻录软件选择好

可以使用 Windows 系统自带的播放器软件 Windows Media Player，该软件就有刻录 CD 的功能，优点是不用再单独下载刻录软件。另外一款刻录软件 NERO 也是广受用户喜爱和使用的大众化软件。下面以 NERO 刻录软件为例介绍刻录 CD 的方法。

下载地址：http://www.skydownz.com/download/view-software-2746.html

● 刻录方法很简单

1. 启动NERO刻录软件进入主界面，在光盘选择下拉框中选择"CD"，然后单击"制作音频光盘"图标，如图3-37所示。

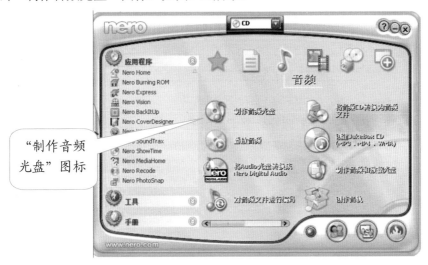

"制作音频光盘"图标

图3-37　选择刻录CD命令

2. 单击"制作音频光盘"图标，进入"我的音乐CD"对话框，单击【添加】按钮，将准备好的音乐文件导入软件中，如图3-38所示。

导入音频文件过程中

图3-38　导入音频文件

NERO支持的音频文件有WAV、MP3、MPA等，但是，如果不是标准的MP3格式，NERO的自动侦测文件功能就会提示文件类型出错，如图3-39所示。

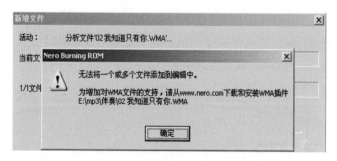

图3-39　自动侦测文件功能

3．导入完成后单击【刻录】即开始刻录，如图3-40所示。

显示刻录
进度条

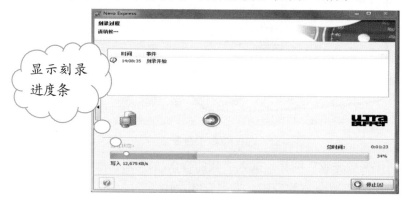

图3-40　CD刻录过程

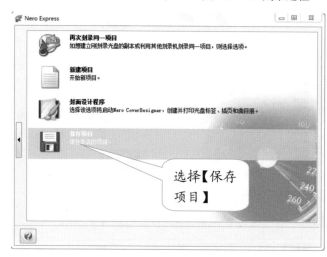

选择【保存
项目】

图3-41　保存CD刻录文件

4．保存

刻录完毕后会弹出提示对话框，单击【确定】后进入保存界面，如图3-41所示。单击【再次刻录同一项目】可再次刻录一张内容完全一致的光盘；单击【新建项目】可以返回向导第一步开始创建一张全新的光盘；单击【保存项目】可以将此光盘的刻录信息存储在计算机中以便下一次刻录时快速启动。

刻录CD光盘不仅仅限于车载CD的制作，还可以把收集的很多喜爱的音乐作为备份刻录到 CD 光盘上保存；或者录下自己美妙的歌声也可以制作成个性专辑分享给朋友们。

> **提示**　车载光盘刻录不限制音乐格式,包括无损音乐也可以刻录。建议光盘的选择质量要尽量好一些的。

老旧磁带　华丽变身

　　磁带作为 20 世纪八九十年代的音乐媒质，曾带给了我们许多美好的记忆，估计你的家里还会有一些老旧的录音磁带没舍得扔掉吧，现在有好办法了，本节来告诉你把磁带转成 MP3 的方法，就让那些往日珍贵的歌曲或外语磁带重新焕发一次青春吧。

一、对硬件及软件的需要

　　1．录音机或者磁带随身听（图 3-42）。

　　2．双头 3.5mm 音频连接线（录音机或者磁带随身听与电脑连接线，图 3-42）。

　　3．录音软件 Cool Edit2.1 或 Adobe Audition 3.0（目前较为专业的两款音频处理软件，可以上网免费下载）。

二、转录前的工作准备

　　1．连接磁带随身听与电脑：双头音频连接线一个插头插入磁带随身听耳机插孔，另外一个插头插入电脑机箱后面信号输入插口，也就是 LIN-IN 插口。一般情况，电脑机箱后面有三个插孔，一个是 MIC 插口，一个是耳机或者音箱插孔，另外一个就是 LIN-IN 插口。如果使用笔记本电脑转录，由于笔记本电脑上没有 LIN-IN 插

图 3-42　硬件准备

孔，可以用 MIC 插孔替代，缺点就是可能在转录的过程中噪声稍大一点，但影响不是很大。

　　2．对电脑音频控制进行设置：打开电脑右下角音量控制，在"属性"选项里面打开录音控制项，若用台式机转录，选择里面的线路输入，若用笔记本转录，选择麦克风，如图 3-43 所示。

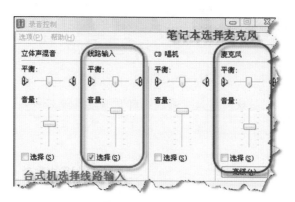

图 3-43　对电脑音频控制进行设置

　有些电脑音频设置栏可能有所不同,但设置目的是相同的。

　　将"线路输入"音量或者"麦克风"音量调到最大。这样是为了将磁带在播放时把随身听电机转动产生的电流声降到最低。也就是说随身听出多大声音,电脑则会采集多大声音。那么究竟多大声音才合适?可以在录制的时候由录音软件的音量控制功能来调节。

　　3. 安装录音软件:这里使用 Cool Edit 2.1 音频编辑软件(这个软件前面介绍过)。下载地址:http://www.5sing.com/help/detail-66.html

　　4. 由于老旧磁带都是存放了十多年甚至二十年了,所以带面上会比较脏,再次

播放时,这些赃物黏附到随身听的磁头表面,会使播放声音变模糊,或产生噪声。此时需要用酒精棉签轻轻擦拭磁头,以保证最佳的转录质量。

三、转录

　　打开 Cool Edit 2.1 音频编辑软件,单击录音软件上的【录音】按钮,让软件开始录音,随即打开随身听让磁带开始播放,如图3-44 所示。

图 3-44　转录界面

在录制的同时，磁带播放的声音可以通过电脑的音箱播放，由于录音软件所采集声音来源于线路输入，所以电脑中播放的声音或者电脑系统提示音等都不会被录入，此时你可以一边欣赏磁带播放的音乐，一边浏览网页，轻松愉快地进行录制。

提示　转录的时候手机要远离电脑，以防止来电时电波的干扰，影响录音效果哦。

从难忘的大众文化记忆看露天电影、听收音机，到方兴未艾的网络视频、3D 大片，人类追逐娱乐新体验的脚步始终没有停歇。同样，一个有情致的人，也一定是娱乐生活的追赶者，一个不会被时尚落下的人。

走进日新月异的网络时代，这里为人们提供了多姿多彩的娱乐生活，我们就从用电脑看电影开始，走进网络，深入这片广袤的娱乐天地。从百度影音的"即点即看""迅雷看看"的"边下边播"，到"优酷视频"的上传下载，再到坐在家里看 3D 大片的震撼，让你成为时尚娱乐生活的追赶者。

第四章

用电脑看电影

本章学习目标

◇ 电影格式 百家争鸣

不同的视频格式，都有其诞生的用途和意义，本节介绍一些最常见的视频格式。

◇ KMPlayer 全能冠军

MPlayer 是一款全能的影音播放器，几乎可以播放所有的影音文件。本节详细介绍该播放器的使用和它众多功能应用。

◇ 百度影音 即点即看

使用"百度影音"播放器让视频在"本地播放"和"在线点播"都变得轻而易举。

◇ 迅雷看看 边下边播

最新版本的"迅雷看看"播放器内置了边下边播的技术，让网上观看电影更加快捷方便。

◇ 优酷视频 上传下载

优酷在主打高清视频的同时，为网民打造了一个微视频博览会，人人都可以上传下载视频，以视频语言表达自我、分享世界。

◇ 3D 电影 走进家庭

3D 电影已不再是电影院的专利，我们坐在家中一样可以看 3D 大片，通过软件，利用电脑就可以享受 3D 带给我们的震撼！

电影格式 百家争鸣

在很多电影的下载网站，在影片标题中我们都能看到比如《死人的复仇》（BD 版）《分手合约》（TS 版）等，这些英文缩写都是什么意思呢？代表的该视频是什么画质呢？不同的视频格式，都有其诞生的用途和意义，下面介绍一些最常见到的视频格式。

● RMVB 老牌经典

RMVB 的前身为 RM 格式，早期的 RM 格式一度红遍整个互联网。而为了实现更优化的体积与画面质感，RMVB 较上一代 RM 格式画面要清晰了很多，原因是降低了静态画面下的比特率，可以用 RealPlayer、暴风影音、QQ 影音等播放软件来播放。人们为了缩短视频文件在网络进行传播的下载时间，为了节约用户电脑硬盘宝贵的空间容量，有越来越多的视频被压制成了 RMVB 格式，并广为流传。

● DVDRip 理想版本

DVDRip 是从最终版的 DVD 转制，将 DVD 的视频、音频、字幕剥离出来，再经过压缩或者其他处理，然后重新合成多媒体文件。所有用 DVD 作为片源进行重新压缩编码的文件都统称为 DVDRip。可用的压缩编码目前有很多，现在比较流行的有 DivX、XviD 以及 X264 等。因为编码不同，所以画质也相差很大。由于它用相对小的体积还原了最接近 DVD 质量的画面与声音，一经推出就受到广大影音发烧友的热烈追捧。

● AVI 廉颇老矣

AVI 是将语音和影像同步组合在一起的视频文件格式。它对视频文件采用了一种有损压缩方式，优点是可以跨多个平台使用，缺点是体积庞大，而且压缩标准不统一，这种格式的文件随处可见，比如一些游戏、教育软件的片头，多媒体光盘中都会有不少的 AVI 格式，通常情况下我们采集 DV 视频得到的大多也是 AVI 格式。尽管画面质量不是太好，但其应用范围仍然非常广泛。随着观众对电影品质要求的提升，AVI 格式显得越来越力不从心了。

● MKV 后起之秀

一种后缀为 MKV 的视频文件频频出现在网络上，MKV 是一种数字视频压缩格式。MKV 文件一般同时包含视频和音频部分。它可以在一个文件中集成多条不同类型的音轨和字幕轨，而且其视频编码的自由度也非常大，有人把它看成是 AVI 的替代者。在同等视频质量下，MKV 格式的体积非常小，因此很适合在网上播放和传输。

● HD Rip 高清代言

HDRip 是 HDTVRip（高清电视资源压缩）的缩写，是用 DivX/XviD/x264 等 MPEG4 压缩技术对 HDTV 的视频图像进行高质量压缩，然后将视频、音频部分封装成一个.avi 或.mkv 文件，最后再加上外挂的字幕文件而形成的视频格式，画面清晰度高。

● BD 蓝光影碟

BD 是 Blue Disk 的简称，翻译成中文是"蓝光影碟"的意思。就是从蓝光影碟转录的视频和音频，画面清晰度很高。

● TVRip——TV 转制

TVRip 是从电视转制的电视剧及接收卫星接收到的节目，然后通过电视卡进行捕捉，压缩成文件，我们看的很多综艺及体育节目都是 TVRip。有些电视剧也会使用 TVRip 的方式发布。

● MPEG 国际标准

MPEG 是由国际标准化组织制定而发布的视频、音频、数据的压缩标准，是运动图像压缩算法的国际标准，它包括 MPEG-1，MPEG-2 和 MPEG-4。绝大多数的 VCD 采用 MPEG-1 格式压缩。MPEG-2 应用在 DVD 的制作方面、HDTV（高清晰电视广播）和一些高要求的视频编辑、处理方面。MPEG-4 是一种新的压缩算法，使用这种算法的 ASF 格式可以把一部 120 分钟长的电影压缩到 300 MB 左右的视频流，可供在网上观看。

● CAM 俗称"枪版"

CAM 通常是用数码摄像机从电影院盗录的。由于摄像机会抖动，因此我们看到画面通常偏暗，人物常常会失真，下方的字幕时常会出现倾斜。由于声音是从摄像机自带的话筒录制的，所以经常会录到观众的笑声等。还有一种 TS 版，比 CAM 稍好，但录制方法是类似的，只是后期做过一些修复而已。

● MP4 人在囧途

有的电影是 MP4 格式的，这代表着它采用了 MPEG-4 视频压缩编码，一般来说是 DIVX 或者 XVID。由于 MP4 格式对播放器要求的局限，众所周知，格式转换需要时间，就给用户造成很大的不便。目前大多数的用户是在掌上便携设备中播放 MP4 格式的视频文件。

KMPlayer 全能冠军

KMPlayer 是来自韩国的影音全能播放器，几乎可以播放系统上所有的影音文件。通过各种插件扩展 KMP 可以支持层出不穷的新格式。

一、KMPlayer 软件优势

● 内置解码，全能播放

KMPlayer 发挥重要的内置多媒体编解码器，它将网络上所有能见得到的解码程式(Codec)全部收集于一身，只要安装了它，不用再另外安装一大堆转码程式，就能够顺利观赏所有特殊格式的影片。

● 强大插件，扩展功能

从 WinAPM 继承的插件功能，能够直接使用 WinAPM 的音频、视觉效果插件，而通过独有的扩展能力，只要喜欢就可以选择使用不同解码器对各种格式进行解码。

● 中文字库，使用方便

KMPlayer 自带了中文字库，只要用户使用的计算机是中文系统，软件就会自动识别，十分方便。

● 捕获功能，简单实用

KMPlayer 可以说是影音播放器中的全能王，它不仅仅可以听音乐、看电影，其捕获功能也非常实用。

捕获音频：即将当前正在播放的视频的音频信息保存在一个 MP3 文件当中，简单说就是将电影的声音提取出来。

捕获 AVI 文件：可实现边看边转换且无需额外的转换软件。

捕获画面：实现对影片截图等操作。

● 绿色软件，安装无忧

KMPlayer 在安装时可检查"附加软件"的侵入，一旦有恶意的汉化小组汉化并捆绑了"附加软件"，该安装程序自动会识别，并做出提示，建议用户不要安装。

● 神秘游戏，隐藏其中

KMPlayer 隐藏了一款经典飞机游戏——雷电，在播放窗口单击右键，选择【选项】→【关于】，弹出"关于"对话框，在左上角黑色的地方用鼠标连续单击数次，该对话框将自动关闭，此时 KMPlayer 的标题更改为 raidenx 了，第一次运行需要等待一会，请耐心一点，过不了多久，就会出现加载视图了，使用 KMPlayer 的朋友可以尝试一下。

下载地址：http://www.kmpmedia.net/

二、KMPlayer 软件安装

1．单击 KMPlayer 软件图标，进入"安装语言"界面，选择安装语言为"Simp Chinese（简体中文），如图 4-1 所示。

图4-1　KMPlayer "安装语言"界面

2．一路单击【下一步】，软件的最后一个安装界面是"网上搜索插件"的安装，可以选择【取消】，如图 4-2 所示。

图4-2　"网上搜索插件"的安装

 提示　KMPlayer 软件捆绑的这些插件是用来在网络上搜索视频的，与增强软件功能无关，一般不选择安装。

3．单击【完成】按钮，软件部分安装完毕，如图 4-3 所示。

图4-3　KMPlayer"软件安装完成"界面

4．完成软件部分的安装后将自动进入"软件设置向导"界面，如图 4-4 所示，根据"向导"提示完成软件的设置即可。

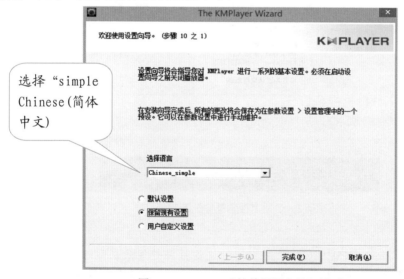

图4-4　KMPlayer"软件设置向导"界面

三、KMPlayer 播放器的使用

● 播放电影 操作简单

图 4-5 所示为 KMPlayer 主界面，即播放界面，直接将"电影文件"拖入到"播

放器"中就可以播放了。鼠标单击"播放窗口"，滚动鼠标滚轮向上是增大音量，向下是减小音量。

图4-5　KMPlayer播放器的主界面

● 电影仓库　播放列表

单击主界面左下角的■图标可进入"播放列表"界面，然后单击"十"字图标，在下拉菜单中选择"添加文件夹"，弹出"浏览文件夹"对话框，选中导入到"播放列表"中的电影文件夹，单击【确定】按钮，如图4-6所示。

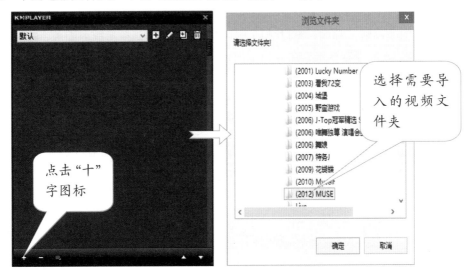

图4-6　使用"播放列表"操作

第一次导入"播放列表"中的文件夹不能自动播放，要回到软件的播放界面单击【播放】按钮。导入"播放列表"中的电影及视频文件，在下次播放时，就可以很方便地在"播放列表"中查找播放。

● 画面显示 自己做主

有些视频的"像素"数与"长宽"比并不统一，所以在观看的时候会非常别扭，可以进行手动调整。在播放界面单击鼠标右键，在弹出的下拉菜单中选择【屏幕控制（E）】，然后在下级菜单中一般选择【保持显示高宽比（DAR）】，也可根据个人习惯选择其他的像素长宽比，如图4-7所示。

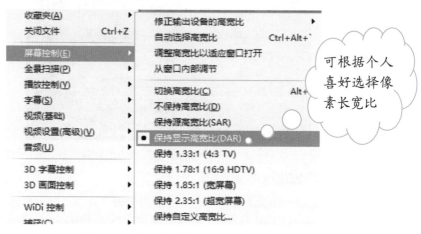

图4-7　调整视频播放的显示比例

● 快进快退 调节自如

在视频的播放过程中，可以使用"快进快退"功能，在播放界面单击 ◼◼ 图标，弹出对话框，选择 ▶ 图标，在界面中出现的滑动条上即可进行播放速度的调整，如图4-8所示。

图4-8　视频"播放速度"的调整

● 光盘播放 精彩依旧

将光盘放入光驱中，在 KMPlayer 播放界面上单击鼠标右键，在弹出的下拉菜单中选择【打开（N）】选项，然后在下级菜单中选择"打开DVD"，如图4-9所示。

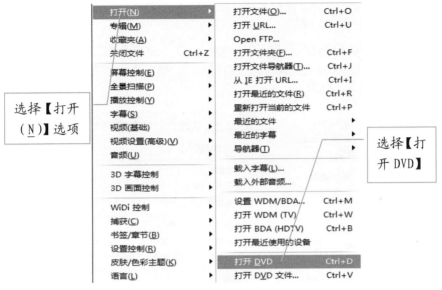

图4-9 播放DVD光盘

特别提示：在 DVD 播放模式中，如果是播放多个视频，那么跳到下一视频的播放不再是按动播放界面上的按键，而是按动电脑键盘上的"PgDn"快捷键进行跳转。

在 DVD 视频的播放过程中还可以快速返回主菜单，方法是：在播放界面单击鼠标右键，在弹出的下拉菜单中选择【捕获】选项，然后在下级菜单中选择【根菜单（R）】，如图 4-10 所示。

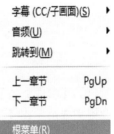

图 4-10 返回主菜单

【根菜单（R）】就是 DVD 光盘上的主菜单。

● 多条音轨 自由选择

很多视频文件是多音轨的,比如一些引进的外国电影中就会内置有"影片原声"和"中文配音"两条音轨；歌曲MV中的"原声"和"卡拉OK伴奏"也是多音轨的视频文件。用KMPlayer播放器看视频,可以在播放中轻松地切换视频中的音轨。

单击"播放界面"下方的 MP2 2CH 按钮,弹出"音轨信息",可以在此切换播放哪一条音轨上的声音文件,如图4-11所示。

图4-11 切换音轨

● 捕获画面 情节串联

KMPlayer 相对于其他播放器独有的视频截取功能,方便快捷,无需截图软件,就可将视频中各个时间段的画面截图按时间顺序排成阵列，组合成一张"情节串联"的大图，在影评或影片介绍中会非常实用。

1. 首先开启 KMPlayer 软件中的"滤镜"，在"播放界面"单击鼠标右键，在弹出的下拉菜单中选择【设置选项/其他（O）】选项，然后在它的下级菜单中选择【参数设置（E）】，如图 4-12 所示。

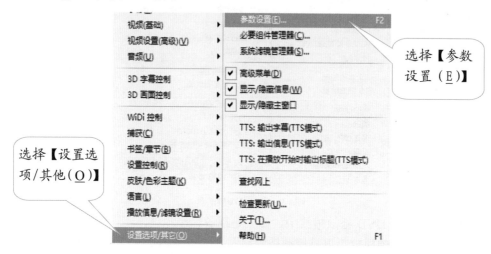

图 4-12　开启"滤镜"的操作

2. 弹出"参数设置"对话框，单击【视频处理】选项，选择【视频处理】右侧窗口的【影像滤镜】，并且在"使用条件"下拉列表框中选择"总是（推荐）"。参数设置完成后单击【关闭】以关闭窗口，如图 4-13 所示。

图 4-13　"参数设置"对话框

3．回到播放界面单击鼠标右键，在弹出的下拉菜单中选择【捕获】选项，然后在它的下级菜单中选择【创建情节串联图板】，如图 4-14 所示。

图 4-14 "创建情节串联图"的操作

4．弹出"截取列表"对话框，在此进行截取参数的选择。单击右上角"文件夹"图标，为所截图选择图片格式和存放位置，勾选"信息"和"显示播放时间"选项，可在每张截图上保留图标大小、分辨率、时间、名称等信息，如图 4-15 所示。

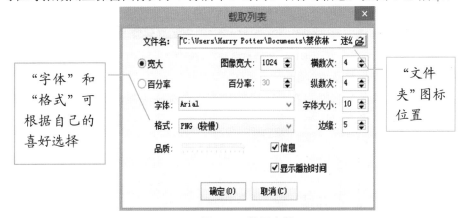

"字体"和"格式"可根据自己的喜好选择

"文件夹"图标位置

图 4-15 设置参数

其他参数根据自己的视觉感观而定，这里选择截取的是一张由 4×4=16 张小图片组成的情节串联图，如图 4-16 所示。

当选择【创建情节串联图板】时出现"不能在超级速度模式下工作，或没有 KMP 转换滤镜"提示，说明没有开启软件的"滤镜"功能，需要开启操作。

● 中途退场 断点记忆

如果电影看到一半中途退出了，可不可以在下次打开播放器的时候，在上次退

图 4-16 "情节串联"效果图

出的位置接着看呢？答案是肯定的。

　　在播放界面单击鼠标右键，在弹出的下拉菜单中选择【播放控制】选项，然后在它的下级菜单中勾选"记忆播放位置"选项即可，如图 4-17 所示。

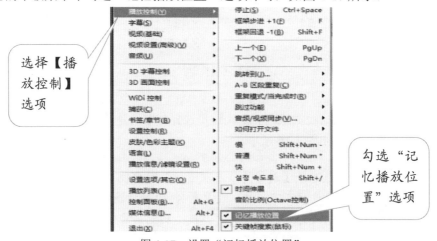

图 4-17 设置"记忆播放位置"

● 视频信息 一目了然

正在播放的视频文件信息在软件的"文件信息"中有详细的记录，打开"文件信息"的方法是：在播放界面单击鼠标右键，在弹出的下拉菜单中选择【媒体信息】选项，弹出"文件信息"对话框。在这个信息框里记录了该视频文件各项信息，如图 4-18 所示。

视频格式
视频大小
视频码率
视频的分辨率
视频的播放时间

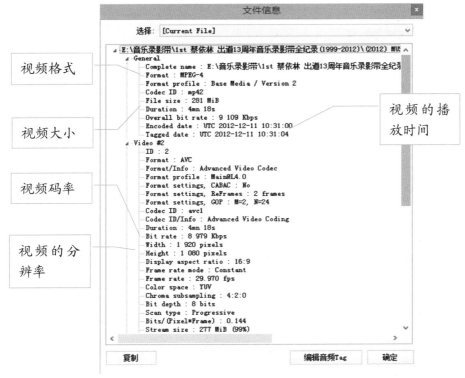

图 4-18　查看"文件信息"

● 双语字幕 同时显示

在一些翻译的国外电影中常常带有两种"字幕文件"，比如一种英文字幕，一种中文字幕，对于学习外语的朋友来说，希望在播放电影的时候实现双字幕的显示，KMPlayer 播放器很容易满足这个要求。

1．如何显示双语字幕

在播放界面单击鼠标右键，在弹出的下拉菜单中选择【设置选项/其他（O）】选项，然后在它的下级菜单中选择【参数设置（E）】，弹出"参数设置"对话框。

在"参数设置"对话框中，选择【滤镜控制】→【自定义滤镜排序管理器】，在右侧的"自定义滤镜排序管理器"窗口中勾选 KMP 目录中这个文件，如图 4-19 所示（勾选了该文件后，播放窗口将显示双语字幕）。

2．如何让字幕显示在画面下的黑色区域

在播放界面单击鼠标右键，在弹出的下拉菜单中选择【设置选项/其他（O）】

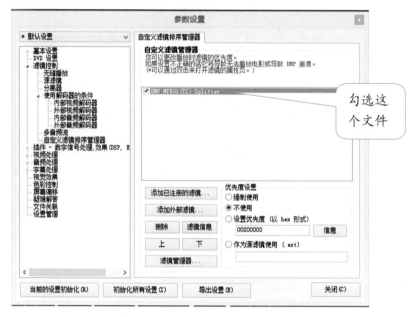

图 4-19　设置"显示双语"

选项，然后在它的下级菜单中选择【参数设置（E）】，弹出"参数设置"对话框。

在"参数设置"对话框中，选择【字幕处理】，在右侧的"字幕处理"窗口中选择"字幕输出模式"为"描绘到覆盖表面"，如图 4-20 所示。

图 4-20　将字幕设置为显示在画面下的黑色区域

在播放界面点击鼠标右键，在弹出的下拉菜单中选择【屏幕控制】选项，然后在它的下级菜单中选择【保持 4:3 普通 TV 宽高比】也可让字幕显示在画面下的黑色区域。

● 音频提取 巧做它用

使用"捕获音频"，可以将正在播放电影中的声音提取出来，制作成"电影 MP3"，比如提取原声的英文电影录音，对于学习外语的朋友是个不错的教材。

在播放界面单击鼠标右键，在弹出的下拉菜单中选择【捕获（C）】选项，然后在它的下级菜单中勾选"音频：捕获…"选项，弹出"音频捕获"对话框，如图 4-21 所示。在这里可以指定输出路径及文件名，然后单击【开始】按钮，即可将当前正在播放的视频的音频信息保存在一个 MP3 文件当中，简单说就是将电影的声音提取出来。

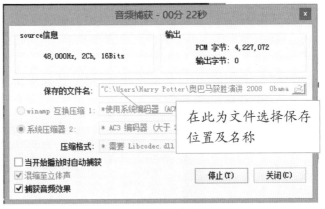

图 4-21 "音频捕获"录制中

使用"捕获音频"很方便，声音捕获与电影观看同步，不影响观看效果，且无需占用额外时间。

● 视频调节 画面逼真

虽然在 KMPlayer 中播放视频效果已经很清晰了，为了满足更高的视频效果的需求，程序还提供了一个视频增强功能，可以调节视频的色调、亮度，并且能调节视频播放速度。

在播放界面单击鼠标右键，在弹出的下拉菜单中选择【控制面板（B）】选项，单击打开"控制面板"界面，如图 4-22 所示。在此可以对视频、音频等属性进行设置。

图 4-22 视频调节"控制面板"

1．视频调节

在该界面右侧提供了 Reset（亮度重设）、Effect（视频效果）、Screen（屏幕控制）三个选项。在"亮度重设"中对视频亮度、色调、对比度进行设置；在"视频效果"中系统提供了多种视频模式，可根据需要选择各种视频效果；在"屏幕控制"项中设置视频显示的尺寸，如："16:9""4:3"等。

2．音频调节

单击界面中的"小喇叭"按钮，打开"音频调节"界面，拖动滑块对音频的各项属性进行调节。

● 控制播放 游刃有余

KMPlayer 支持语音变速功能，可调节播放速度，而且播放减速不变调。

在播放界面单击鼠标右键，在弹出的下拉菜单中选择【播放控制】选项，然后在它的下级菜单中有【慢】【普通】【快】三个选项，选择【普通】语速为正常即 100%，选择【慢】或【快】时，每单击选择一次，语速将减少或增加 5%，根据需要进行调节即可，如图 4-23 所示。

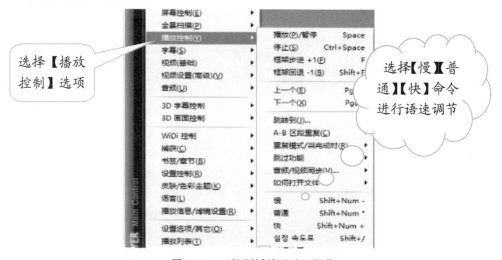

图 4-23 "控制播放语速"操作

 常用快捷键：Ctrl+L 用来切换字幕语言；Ctrl+ [下移字幕位置；Ctrl+] 上移字幕位置；Alt+X 显示/隐藏字幕。PageUp、PageDown 用来播放上一集、下一集。方向键→、←用于控制快进、后退。

调节语音播放速度的另一种方法是：在播放界面单击鼠标右键，在弹出的下拉菜单中选择【控制面板（B）】选项，单击打开"控制面板"界面，如图 4-24 所示。单击界面上的"三角"按钮，进入"播放速度"对话框， 如图 4-24 所示。在这里可以直接通过拖动控制条上的滑块左右移动就可以调节视频播放的语速。

图 4-24 "控制播放语速"对话框

 提示 KMPlayer 的"语速调节"和"A-B 区段重复"功能非常适用于英语学习的朋友使用。

除了语音变速功能以外，通过这个对话框还可以对视频中某个段落进行重复播放的设置。单击【More】按钮，打开"A-B 区段重复"对话框在这里设置重复播放的"开始点"和"结束点"，以及"字幕重复次数"等参数，如图 4-25 所示。

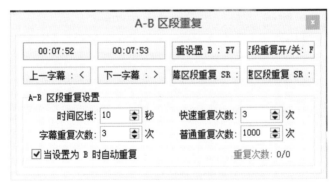

图 4-25 "重复播放"对话框

● 安装插件 扩展功能

当 KMPlayer 无法播放 RM、RMVB 等常用格式的影片时，安装 RealPack 这个插件就能够轻松解决。

下载地址： http://www.duote.com/soft/8106.html

1. 打开安装程序，一路单击【下一步】就能完成安装，如图 4-26 所示。

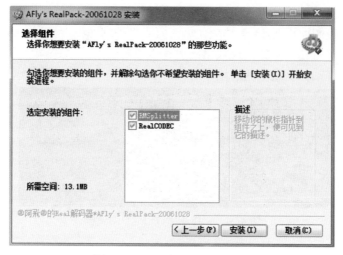

图 4-26　　RealPack 插件安装

2．在播放 RM、RMVB 格式的影片时，选择"打开方式"为"选择默认程序"。并在推荐的程序中选择 KMPlayer，并勾选"始终使用选择的程序打开这种文件"。单击【确定】，如图 4-27 所示。这样 RM、RMVB 格式的影片就能正常播放了。

图 4-27　选择"打开方式"和"默认程序"

百度影音 即点即看

"百度影音"是由百度公司推出的一款全新体验的播放器。支持主流媒体格式的视频、音频文件，实现本地播放和在线点播。

一、下载与安装

1．下载地址：进入"百度影音"官方主页 http://player.baidu.com 下载最新版本的"百度影音"安装程序，如图4-28所示。

图4-28 "百度影音"下载界面

2．进入"百度影音"安装界面后，按照提示完成安装，单击【完成】按钮，如图4-29所示。

图4-29 "百度影音"安装界面

3．进入"百度影音"主界面，如图4-30所示。

图 4-30 "百度影音"主界面

二、观看本地视频（即存放在电脑中的视频）

1. 单击"百度影音"主界面左上角"百度影音"图标（即主菜单），在弹出的下拉菜单中，选择【打开】，然后在它的下级菜单中选择【打开本地文件】，如图 4-31 所示，弹出存放本地视频的文件夹。

另外一种打开本地文件的方法是：单击"百度影音"主界面右下角的"文件夹"图标，也可弹出存放本地视频的文件夹。

图 4-31 打开本地视频

2. 找到本地视频文件后，双击它就可以在"百度影音"播放器中播放，如图 4-32 所示。

本地视频的播放画面

图 4-32　播放本地视频

三、观看在线视频（即网络上的视频）

直接在网上搜索电影并在线观看，既方便又能节省硬盘资源，已成为人们很普遍的娱乐方式，下面以影片《中国合伙人》为例，介绍如何利用"百度影音"在线观看电影。

1．在"百度影音"主界面上的"搜索栏"内填写电影名称《中国合伙人》，单击【百度一下】，如图 4-33 所示。

在这里写入电影名称

图 4-33　搜索电影

2．这时系统将会弹出"百度影音"浏览器，而进入"百度视频搜索"页面，如图 4-34 所示。

图4-34　搜索结果

3．这里列出了电影《中国合伙人》的所有搜索结果，任意选择一个链接，单击打开后就可以在线观看这部电影了。

特别提示：刚才链接的是某个网站上的播放窗口，可以选择不在网页上观看电影，因为一般网站的广告很多，会影响观看的效果，那么关闭这个网页，回到"百度影音"界面，这时我们看见，在"播放列表"栏多出一个播放项，即电影《中国合伙人》的在线链接，如图4-35所示。

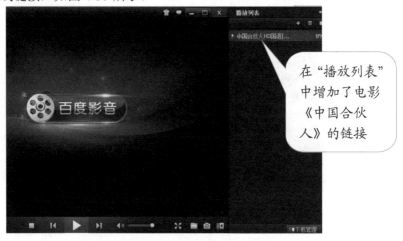

在"播放列表"中增加了电影《中国合伙人》的链接

图4-35　单击链接

4. 双击"播放列表"中的《中国合伙人》播放项，电影将在"百度影音"界面中播放，如图 4-36 所示。

在线视频的播放画面

图 4-36　在线观看电影

> 提示
>
> 当电脑安装了"百度影音"，也可以直接通过"百度搜索引擎"搜索想要看的电视或者电影，同样可以链接到"百度影音"的播放列表中。

迅雷看看　边下边播

使用"迅雷看看"播放器收看网络视频已经成为很多朋友的不二之选，最新版本的"迅雷看看"播放器内置了边下边播的技术，让网上看电影更加快捷方便。

一、下载与安装

下载地址：http://www.kankan.com/

1. 自定义安装软件

选择自定义安装可以避免安装一些无用的关联程序，如图 4-37 所示。

2. 选择"安装目录"和"缓存目录"的安装路径

"安装目录"选在系统盘下。"缓存目录"是存放在电脑中的一个临时文件夹，

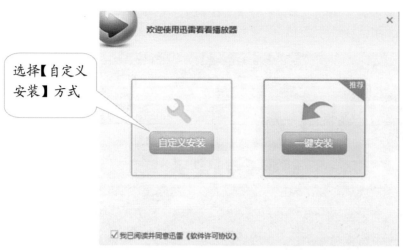

选择【自定义安装】方式

图 4-37　选择自定义安装

用来缓存在线观看的视频文件，方便再次观看的时候快速加载，但是时间长了这个"缓存目录"会占用大量硬盘空间，所以不要选择放在系统盘上，如图 4-38 所示。

提
示

"缓存目录"中存放的视频文件太多，会占用大量的硬盘空间，可以定期地手动删除这些视频，以减轻硬盘空间的压力。

点击【浏览】按钮选择安装路径

图 4-38　选择"安装路径"

二、使用本地播放

1．打开本地视频

打开"迅雷看看"播放器，单击【打开文件夹】，如图 4-39 所示。然后找到播放的视频文件，双击它就可以在"迅雷看看"中播放。

图 4-39 "迅雷看看"播放器

2．在线"搜索字幕"功能

使用本地播放观看电影时，如果影片没有字幕文件，"迅雷看看"的一大亮点就是可以在线搜索字幕，并自动加载到影片中。

在播放的影片上单击鼠标右键，在弹出的菜单中，选择【字幕】→【在线匹配】（图 4-40），软件会自动在网上搜索到匹配的字幕文件并加载到正在播放的影片中。

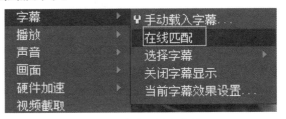

图 4-40 在线"搜索字幕"

三、使用在线播放

1．打开"列表栏"

单击播放界面左下角"展开列表栏"图标，在打开的列表中有【播放列表】和【在线媒体】两个列表，如图 4-41 所示。

2．【在线媒体】列表

单击展开【在线媒体】列表后，会看到一系列的媒体选项，比如"电影"、"电视剧"、"综艺"、"纪录片"、"分类电影"、"网络首播电影"等等很多分类列表，如

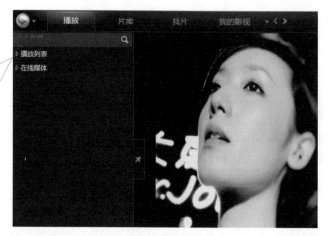

【播放列表】和【在线媒体】

图 4-41　展开"列表栏"

图 4-42 所示。在这里很容易找到心仪的电影或视频，双击它们就可以欣赏了。

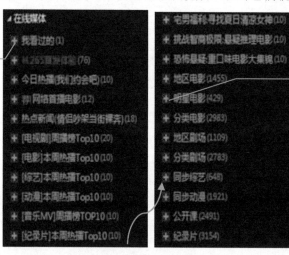

"我看过的"列表是记录在线播放的历史记录，很方便以后继续观看

点击这些十字图标，可以打开相应的下级菜单

图 4-42　在线媒体列表

提示　【播放列表】中存放了本地播放视频时的所有影片链接，在下次观看时，直接点击它们可以再次播放。

　　"迅雷看看"本身带有强大的播放"片库"，如果有明确的影片想要观看，可以通过"搜索栏"直接输入影片的名称，找到后直接单击播放。

四、边下边播功能

1. 边看边下，缓存文件

在线观看"迅雷看看"片库中的视频，使用的是软件"边下边播"功能。就是说在影片播放的同时，软件已将它下载到电脑里并存放在之前建立的"缓存文件夹"中。缓存的好处是可以离线再次观看喜欢的电影，缺点是使用"迅雷看看"产生的缓存不能自动清理，长时间使用"迅雷看看"观看电影，它的缓存更是疯狂"侵略"硬盘，所以用户可以采用手动方法清理，定期打开"缓存文件夹"，把不需要保留的视频统统删除掉。

图4-43　选择【设置】

2. 设置模式，高速播放

"迅雷看看"播放器内置有四种不同的带宽使用模式，合理地设置它们可以做到统筹兼顾，以达到高速播放的目的。

在"播放界面"单击鼠标右键，在弹出的菜单中选择【设置】，如图4-43所示。

在打开的"系统设置"对话框中，单击选中【下载】选项，在右侧窗口看到"缓存文件夹"的位置，可以自定义缓存目录，将它放到性能较高、容量较大的硬盘分区上，以加速影片的播放。

"缓存容量"的管理，可以选择"手动设置"缓存文件的数量，以节省硬盘空间。

在播放过程中可使用的"速度模式"栏的四种模式控制播放速度，如图4-44所示。

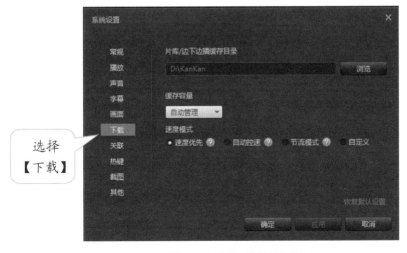

图4-44　设置"播放模式"

这四种模式分别是："速度优先"模式，即使用最快的速度下载影片数据，没有任何限制；"自动控速"模式，保证流畅播放前提下，提前预下载；"节流模式"，即尽量保证流畅播放前提下，节省宽带流量；"自定义"，可以自定义最大下载速度和最大上传速度。

设置完成后，单击【应用】按钮。

优酷视频 上传下载

优酷网是中国领先的视频分享网站，被誉为中国网络视频行业的第一品牌。优酷在主打高清视频的同时，为网民打造了一个微视频博览会，也是一个视频体验的世界，创作、交流、推荐、分享，在优酷人人都可以上传和下载视频，以视频语言表达自我、分享世界的精彩。

一、注册优酷会员

输入优酷网址：http://tv.youku.com/，进入优酷主页，如图4-45所示。

图4-45 优酷主页

在优酷主页上，单击【注册】，进入优酷注册界面，填写相关信息完成注册，如图4-46所示。

图 4-46　优酷注册界面

二、安装优酷 PC 客户端

优酷 PC 客户端为用户推荐了更多的热门视频，提供多种画质、多种语言切换播放和下载，支持边下载边观看、云同步记录等功能。最新版优酷 PC 客户端对客户端系统底层和加速器进行了深度优化，使看电影更流畅。

输入优酷客户端下载网址：http://mobile.youku.com/index/pc，进入"优酷 PC 客户端"下载界面，如图 4-47 所示。

图 4-47　"优酷 PC 客户端"下载界面

下载后单击"安装"图标，进入优酷 PC 客户端安装界面，如图 4-48 所示。

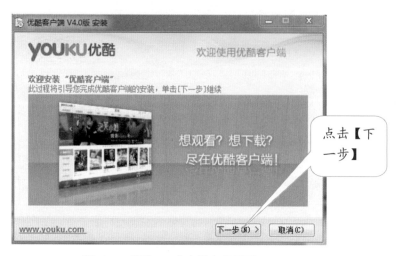

图 4-48　优酷 PC 客户端安装界面

一路单击【下一步】完成软件安装，如图 4-49 所示，单击【完成】即可。

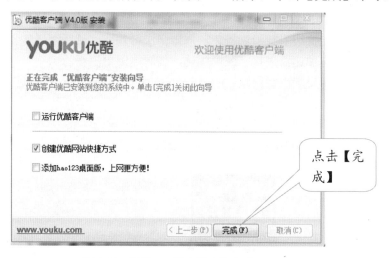

图 4-49　优酷 PC 客户端安装完成

三、下载优酷视频

下载超清、高清视频文件需要登录后才可以进行。云同步记录也需要在账号登录状态下记录你的播放历史，这样即使换台电脑登录也不用担心播放记录会丢失，仍可继续播放。

进入优酷网，首先登录进入你的账户，然后在搜索栏里搜索需要的视频，如"太极拳 24 式视频"，如图 4-50 所示。找到想要的视频后，单击即可进入该视频的播放界面，然后单击下面的【下载】按钮，再选择把视频下载到不同的设备，这里

图 4-50　搜索视频

选择的是【使用电脑】，即把视频下载到电脑硬盘上，如图 4-51 所示。

图 4-51　下载视频

　　特别提示：在优酷网下载的高清和超高清视频，由于版权的需要，采用了加密储存的方式，所以下载到电脑中的视频必须通过优酷 PC 客户端播放，也就是说有些视频在其他的播放器中是无法播放的。

四、上传视频

　　优酷是国内首家为微视频免费提供无限量上传与存储空间的网站。无论业余或专业的，也无论个人或机构，优酷欢迎一切以微视频形式出现的视频收藏、自创与分享。

　　进入优酷网，首先登录进入你的账户，然后单击首页右上方的【上传】按钮，如图 4-52 所示。

图 4-52 选择上传视频

单击【上传】按钮后，进入上传视频界面，如图 4-53 所示。

图 4-53 上传视频界面

单击【上传视频】按钮，进入视频存放文件夹，选中视频文件，单击【打开】，进入视频传输界面，如图 4-54 所示。

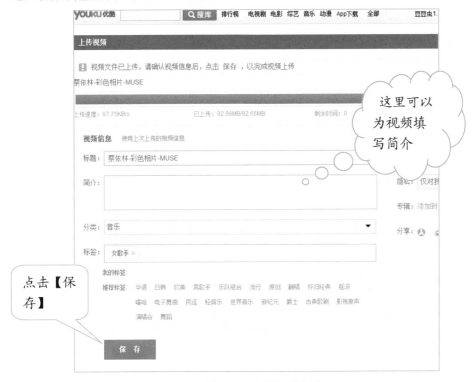

图 4-54　上传视频完成

视频上传完毕，单击【保存】按钮即可。优酷支持绝大多数的视频格式，但所上传的视频文件大小不能超过 200M。

3D 电影　走进家庭

一个全新的 3D 数字化时代正向我们呼啸而来，看 3D 电影已不再是电影院的专利，我们坐在家中一样可以看 3D 大片，通过软件，利用电脑就可以享受 3D 带给我们的震撼。

3D，即有长、有宽、有高，换句话说，就是立体的，3D 是一个空间的概念，由 X、Y、Z 三个轴组成的空间，是相对于只有长和宽的平面（2D）而言。

3D 立体电影的制作有多种形式，分为左右模式、上下模式和红蓝模式。其中左右模式和上下模式是当前比较流行的 3D 格式，观看这两种格式的 3D 电影需要配戴 3D 眼镜；红蓝模式的电影需要配戴红蓝眼镜。本文以播放左右模式的 3D 电影为例介绍，其余两种格式的播放方式与此类似。

一、用 KMPlayer 软件看 3D 电影

1．打开 KMPlayer 软件，将要播放的 3D 电影拖入其中，这时我们看到屏幕上出现的是左右两个画面，如图 4-55 所示。

图 4-55　左右格式的 3D 电影

2．在播放器画面上单击右键，在弹出的菜单中选择【3D 画面控制】→【左右 →中】，如图 4-56 所示。

当播放器中出现上下并列两个相同画面的 3D 电影即为上下模式。播放上下模式的 3D 模式，选择"3D 画面控制"菜单中的"上下→中"。

图 4-56　选择 3D 模式

3．选择模式后，画面将合成立体的画面，如图 4-57 所示。

图 4-57　3D 画面

4．将画面转换成 3D 格式的同时，字幕也被转换成了 3D 格式，如图 4-58 所示。

图 4-58　3D 格式字幕

但字幕文件我们需要的是 2D 格式的，所以要将字幕再转换为 2D 模式。在播放器画面上单击右键，在弹出的菜单中选择【3D 画面控制】→【中→左右（二元化）】，如图 4-59 所示。

图 4-59　转换 2D 格式字幕操作

5．转换成 2D 格式的字幕文件后，字幕显示就正常了，如图 4-60 所示。

图 4-60　转换 2D 格式字幕效果

二、用 PowerDVD 软件看 3D 电影

PowerDVD 13 支持最新蓝光 Blu-ray 3D 技术，即便是在你的个人计算机上进行实体 3D 视频的播放，也能够完美呈现出多层次景深的 3D 动态视频效果，并且在左右眼的视觉成像上都能够提供 HD 高清分辨率，蓝光 3D 电影的播放就是这么画质细腻、三维效果显著。此外，PowerDVD 13 全屏幕形式的剧院模式尤其适合你在家中客厅或视听起居室这类空间较大的环境中使用，并搭配大屏幕更能呈现顶级视听效果。

下载地址：http://dl.pconline.com.cn/html_2/1/124/id=1060&pn=0.html

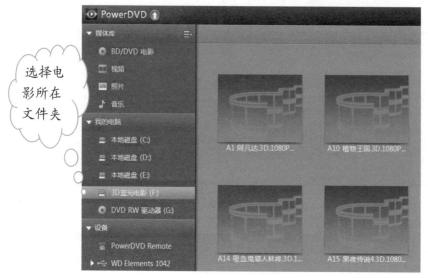

选择电影所在文件夹

图 4-61　打开 3D 电影

1．打开 PowerDVD 播放器，在左边"我的电脑"列表中选择 3D 电影所在的文件夹，右边的窗口会列出该文件夹下 PowerDVD 支持播放的所有文件，双击其中一个电影开始播放，如图 4-61 所示。

2．在播放器控制栏中单击"3D"，即进入 3D 格式。与 KMPlayer 不同的是，PowerDVD 可以自动识别 3D 片源是左右模式还是上下模式，另外字幕也无需单独设置，如图 4-62 所示。

图 4-62　播放 3D 电影

3．长时间观看同一种 3D 模式眼镜会有疲劳感，而 PowerDVD 更为专业的 3D

设置可以很好地解决这个问题。单击播放器控制栏"3D"后面的"▼"，打开"3D显示配置"对话框，可在此设置 3D 景深以更改立体效果的强弱、设置交换视觉画面以更改模式，如图 4-63 所示。

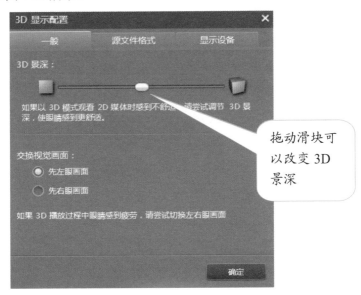

图 4-63　3D 显示设置

每个片源都不是固定先左眼还是先右眼更有立体感，有时候看起来没有立体感的时候，可在"交换视觉画面"栏切换左右眼画面。

该软件为商业软件，是一款 No.1 全能媒体播放软件，个人用户有 30 天免费体验。购买分别有 3D 极致加强版、豪华版、标准版、极致版、以及升级版。

有些人总在抱怨自己的生活没有色彩，没有质感。其实不然，只要你肯用心，肯去学习，多彩的生活就在身边。生活无处不充满了新奇与欢喜，只要愿意就可以按照你的思想和方式变成另外一种样子。

只有想不到的，没有做不到的。本章通过几个视频编辑软件的应用，让我们自己动手丰富和升级自己的娱乐生活。比如给视频变个格式，让视野更宽广；给电影配上字幕，分享成功的满足；制作一个电影MP3，让喜欢的电影如影随形；创建一个虚拟光驱，让更多的娱乐项目住进电脑，总之，每一次播种，都将收获一片新的天地。

第五章

视频软件巧应用

本章学习目标

◇ 转换格式 随我所愿

通过视频格式转换器，让片源是 RMVB、FLV、MP4 等格式的电影在 DVD 影碟机或手机等硬件上播放。

◇ 电影字幕 自己配置

如果你是一个翻译高手，可以亲自为喜欢的国外大片翻译制作一个"中文字幕文件"，然后把它加载到影片中，这是一件非常有意义的事情。

◇ 画面对白 合二为一

学会如何在网上搜索到匹配的字幕文件，并加载到电影文件中，给自己喜欢的电影配上"中文字幕"。

◇ 音频提取 电影 MP3

最新版本的"迅雷看看"播放器内置了边下边播的技术，让在线观看电影更加快捷方便；利用 TMPGEnc Plus 视频编辑软件可以将电影中的音轨轻松地剥离出来，把提取出的音频文件制作成 MP3 格式的"电影录音"。

◇ 虚拟光驱 镜像之家

本节将引入镜像文件和虚拟光驱的概念。通俗地说就是用镜像文件取代光盘，用虚拟光驱取代光驱。

转换格式 随我所愿

是不是有这样的情况出现，我们在网络上千辛万苦下载的电影却无法在DVD、手机或一些播放器上播放？这就是因为视频的格式不支持你使用的播放器，所以视频格式转换的目的就是通过视频格式转换器，让片源是RMVB、FLV、MP4等格式的视频资源在其他播放器或DVD影碟机及手机等硬件设备上播放。

一、格式转换有"大师"

"视频转换大师"——WinMPG 是一款视频格式文件转换软件，它能够读取各种视频和音频文件，并且将它们快速转换为流行的媒体文件格式。

WinMPG 的出现，为视频多媒体文体的转换提供了一个完美的平台，它几乎涵盖了现在所有流行的影音多媒体文件的格式，包括 AVI、MPG、RM、RMVB、3GP、MP4、MPEG、MPEG 1、MPEG 2、MPEG 4、VCD、SVCD、DVD、DivX、ASF、WMV、SWF 以及 Quick Time MOV/MP4 以及所有的音频格式。

WinMPG 拥有非常漂亮友好的界面，如图 5-1 所示。

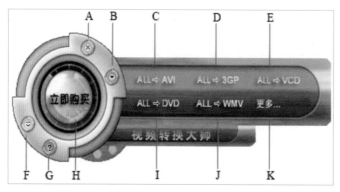

图 5-1　WinMPG 软件界面

图中用字母标出的按钮及命令功能如下：

A．关闭软件

B．查看菜单（输出格式列表、主页、购买、注册、关于、帮助等）

C．任意格式转换到 AVI

D．任意格式转换到 3GP

E．任意格式转换到 VCD

F．切换界面

G．软件帮助

H．购买

I．任意格式转换到 DVD

J．任意格式转换到 WMV

K．任意格式转换到更多格式

二、随心所欲变格式

● 将任意格式转换成 DVD

1．打开软件，单击【ALL→DVD】，如图 5-2 所示，进入"转换界面"，如图 5-3 所示。

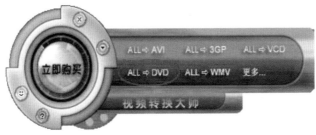

图 5-2　将任意格式转换成 DVD

2．"转换界面"操作：见图 5-3 中字母 B、C、D、E、H 所示操作。

图中用字母标出的按钮及命令功能如下：

B：添加要转换的源文件：单击此按钮找到需转化的源文件并导入软件。

C：更改转换到的文件地址：选择转换后的视频文件存放地址。

D：配置文件：在下拉菜单中选择转换视频的码率和制式，比如画面质量（Low 低 Normal 中　High 高），这里选

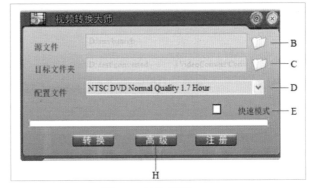

图 5-3　转换界面

择 "NTSC DVD High Quality 1.2 Hour"，以获得最高的清晰度。

E：快速模式（一般默认此项，对有的 AVI MOV 等格式转换到别的格式有异常时可尝试更改"快速模式"来转换）。

H：高级设置（切割、分辨率、音频、视频等详细参数设置）：单击【高级】设置按钮进入"高级设置"对话框，如图 5-4 所示。无特殊要求此项不用设置。但是也可以在"纵横比"处根据自己的显示器选择 4:3 或者 16:9 格式，因为如果用 16:9 长宽比的显示器播放 4:3 长宽比的视频就会出现很难看的黑边。另外也可以在"裁剪"区域设置合适的裁剪方案。

图 5-4 "高级设置"界面

3．单击 <u>转 换</u>，开始转换，如图 5-5 所示。

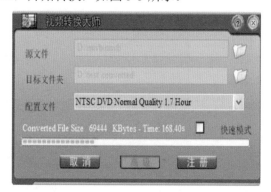

图 5-5 开始格式转换

● 将任意格式转换成更多格式

图 5-6 将任意格式转换成更多格式

1．打开软件，单击【更多…】按钮，如图 5-6 所示，进入"更多格式列表"如图 5-7 所示。

2．在"更多格式列表"中选择要转换的格式，这里以任意格式转换到 Apple/iPod 为例，举一反三，因为从任意格式转换到列表中的所有格式步骤都是相同的。

在"更多格式列表"中单击【Apple/iPod】按钮进入"转换界面"，如图 5-7 所示。

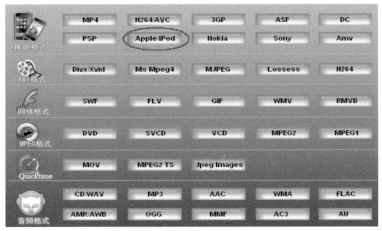

图 5-7　"更多格式列表"

3．"转换界面"操作与任意格式转换的方式基本相同，这里也用字母 B、C、D、E、H 指示其操作含义，见图 5-8 所示。

图中用字母标出的按钮及命令功能如下：

B：导入源文件。

C：指定转换后文件存放地址。

D：配置文件、画面质量（Low 低 Normal 中 High 高）。

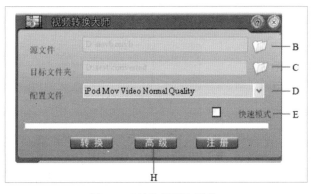

图 5-8　"转换界面"操作

E：快速模式（默认此项）。

H：单击【高级】按钮，进入"高级设置"对话框，如图 5-9 所示。这里不要改动【帧速率】参数，因为 iphone /ipad 只识别 25fps 帧速度的视频；软件默认的【分辨率】参数是 320×240，这个分辨率偏低，可以选择较高的分辨率，但是如果选择的分辨率高出源视频文件的分辨率，清晰度也只能保持原有的水平不会提高，而只做长宽比例的拉伸。

4．单击　转换　按钮，开始转换，如图 5-10 所示。

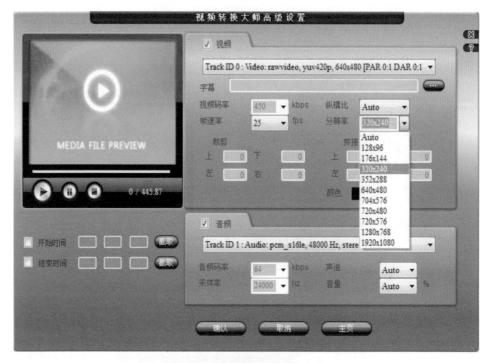

图 5-9　选择"高级设置"参数

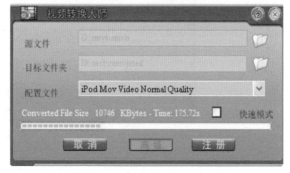

图 5-10　Apple/iPod 格式转换中

● 批量转换

如果一次需要转换多个视频文件，也不必逐一进行设置，可以使用软件的批量转换功能来完成，这个功能也是该软件的一大亮点。

1．在"转换界面"导入需要转换的源文件后，单击【添加到批量任务】按钮，如图 5-11 所示。打开"批量处理"对话框后，需要按照上述步骤重复添加视频文件，如：在界面上点"All-AVI"，弹出选择需要转换的视频文件对话框，选择文件后单击下面的"添加到批转换"，这样一个个添加进去。

2．弹出"批量转换视频"窗口，窗口内记录了任务列表，如图 5-12 所示。

图 5-11　"批量转换"设定　　　　　　　图 5-12　"批量转换视频"窗口

3．当依次导入多个需要转换的源文件，"批量转换视频"窗口内就记录下多个任务的列表，如图 5-13 所示。

4．单击【转换】命令，按先后任务开始依次转换，如图 5-14 所示。

图 5-13　"批量转换"任务列表　　　　　图 5-14　进行"批量转换"

最新版本的 WinMPG 可以在 Windows 8 中完美运行，并且支持将网页上下载的 FLV、F4V 格式的视频转化成标准 DVD 格式。

电影字幕 自己配置

　　Virtual Dub Mod 是一款专门制作视频压缩的软件，它可以将"字幕文件"加载到电影中。如果你是一个翻译高手，可以亲自为喜欢的国外大片翻译制作一个"中文字幕文件"，然后把它加载到影片中，自娱自乐，这是一件非常有意义的事情。

　　下载地址：http://www.crsky.com/soft/6090.html。

图 5-15 选择【打开动画】命令

一、导入电影文件

　　1．打开 Virtual Dub Mod 软件，单击【文件】，在下拉菜单中选择【打开动画】选项，如图 5-15 所示。

　　2．选择原版电影（这里选择的是一个 ASS 格式的视频），单击【打开】命令即可将它导入 Virtual Dub Mod 软件中，打开后视频如图 5-16 所示。

图 5-16　电影文件导入软件中的效果

二、导入字幕文件

1．可用 Windows 系统附带的"记事本"软件制作一个 TXT 纯文本的字幕文件，为每句对白设计为一行文字。

2．在 Virtual Dub Mod 主界面，单击【文件】，在下拉菜单中选择【打开时间轴】选项，如图 5-17 所示。

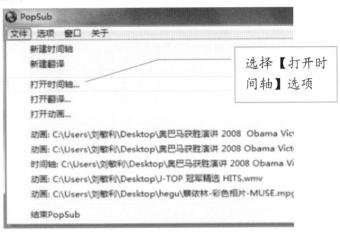

图 5-17　选择【打开时间轴】选项

3．选中已制作好的字幕文件，单击【打开】按钮，弹出"打开文件选项"对话框，点选【翻译（无时间轴）】选项，该字幕文件将被导入软件中，如图 5-18 所示。单击【确定】按钮，进入"时间轴"窗口。

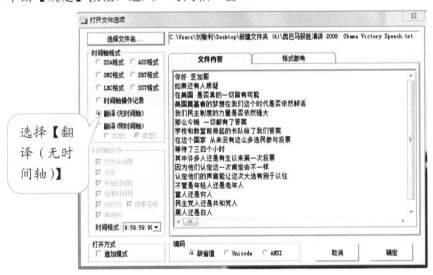

图 5-18　"打开文件选项"对话框

提 示 字幕分类大体有两种，一种是文本字幕格式，另一种就是图形字幕格式，所有字幕都可以用记事本打开。最常见的文本字幕格式就是 SRT、ASS、SSA。

三、调整字幕显示时间

1. 进入到"时间轴"窗口后，这时显示的是对白字幕，并且所有对白字幕开始和结束时间都是 0。如果发现有多余的空白条目，选中它，单击右键然后选择【删除行】即可将其删除；同样地，如果需要加入一条字幕，也可以插入一行字幕，如图 5-19 所示。

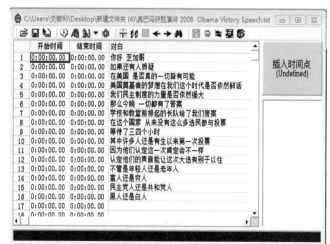

图 5-19　字幕导入时间轴

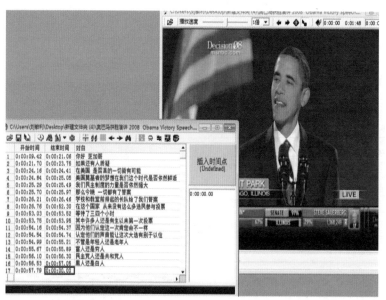

2. 在软件的主界面，打开视频播放窗口，对照视频画面和窗口上的"时间信息"，单击【插入时间点】按钮，为每条字幕插入开始和结束的时间，如图 5-20 所示。这一步的工作是一个细致和漫长的过程。

图 5-20　调整字幕显示时间

3. 全部对白设置完成后，在"时间轴"窗口单击【另存为】，将文件保存为"ASS格式时间轴"（和视频格式一致），如图 5-21 所示，并保存在与原版视频相同的文件夹中。

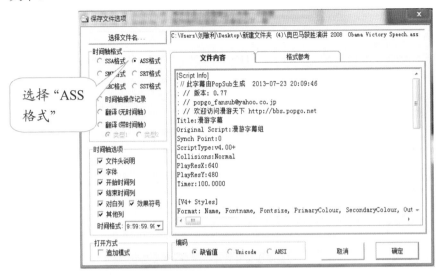

选择"ASS格式"

图 5-21 选择保存字幕文件的格式

4. 关闭视频文件，关闭"时间轴"窗口。再次打开这个视频的时候，字幕文件已经加载进去了，如图 5-22 所示。如果发现有错误的对白或者字幕延迟现象，可以将视频文件和字幕文件再次导入软件中，进行更加细致的微调。

加载了"中文字幕"的效果

图 5-22 加载了字幕文件的效果

在软件中播放视频的窗口有三个常用的工具分别是【刷新】、【前进 3 秒】和【后退 3 秒】，它们对字幕的微调非常实用。比如当字幕文件更改保存后，单击【刷新】即可在视频窗口看到最新修改过的字幕状况；【前进/后退 3 秒】工具：将视频快进或快退 3 秒，在对字幕时微调很有用，并且通常与【刷新】工具结合在一起使用。

四、字幕的字体设置

1．在"时间轴"窗口，单击"字体"图标，弹出"字体"对话框，如图 5-23 所示。

图 5-23　对字幕的字体进行设置

2．在这里可以为中文字幕设置字体以及字体大小、颜色和特效等参数。设置完成后单击【应用】即可生效。

画面对白　合二为一

一部电影就像一个"三明治"，是由视频、音频和字幕三部分组成的，在影片的压缩制作过程中它们是被分别封装的。不同的视频格式使用不同的封装方法，比如 AVI 格式就是由视频 XviD 和音频 MP3 封装起来的。你或许有过这样的经历，下载了一部喜欢的大片，却没有中文字幕，或者字幕与对白不匹配，这就是因为没有或者错误地加载了字幕文件造成的。本节介绍如何在网上搜索到匹配的字幕文件，然后使用 VirtualDubMod 编辑软件，将字幕文件加载到电影中。

目前网络上有很多下载字幕的网站，Shooter 网就是一个以电影中文字幕为主的字幕搜索网站，并极受网友推崇，其首面如图 5-24 所示。

图 5-24　Shooter 首页

1．搜索和下载字幕文件

打开 Shooter 网，在【搜索字幕】栏填写电影的名称，比如搜索"蝙蝠侠"，然后单击【搜索字幕】，所有关于"蝙蝠侠"的字幕文件将以列表的形式出现，如图 5-25 所示。

图 5-25　搜索到的字幕文件列表

如何在搜索结果中选择合适的字幕文件的链接呢？首先要看需要加载字幕的电影是一个独立的文件，还是分 2 个甚至 3 三个文件组成，也就是说电影被分割了几段就去找相应几段的字幕文件来下载。

一般情况下，字幕文件有 3 种情况，以搜索电影"蝙蝠侠"字幕文件为例：

1）如果字幕文件解压后有两个文件，以 sub 为后缀，分别叫"kiss-tss-cd1.sub"和"kiss-tss-cd2.sub"。这时要把它们的名字改成"蝙蝠侠_cd1.sub"和"蝙蝠侠_cd2.sub"，也就是说字幕文件和电影的文件名要相同，后缀则不用改。

2）如果字幕文件解压后有四个文件，除了两个 sub 为后缀的文件外，还有两个压缩包，则先把压缩包解压，然后删除原压缩包。看到解压出来的是两个后缀为 idx 的文件，叫做"kiss-tss-cd1.idx"和"kiss-tss-cd2.idx"。将它们分别改为"蝙蝠侠_cd1.sub"和"蝙蝠侠_cd1.idx。cd2"。

3）还有一种情况就是下载的字幕是多种语言，比如，"kiss-tss-cd1-chs.sub""kiss-tss-cd1-eng.sub"，这里 chs 代表中文，eng 代表英文，需要看哪种字幕，就把另外一个删除。当然也可以载入双重字幕，但是需要播放器的支持。

4）选择好所要的字幕文件，单击这个链接后面的下载箭头，弹出下载界面，如图 5-26 所示。

 提示：如果不能看到文件的后缀名，请执行【我的电脑】→【工具】→【文件夹选项】→【查看】，将"隐藏已知文件类型的扩展名"的选项取消。

图 5-26　字幕文件下载界面

5）单击【下载字幕】按钮，这个字幕文件的压缩包即被下载到你的电脑中。

2．将字幕文件加载到电影中

把字幕文件放到电影文件夹下，同时，按照上面介绍的方法对字幕文件压缩包进行解压，把字幕文件重命名成和电影文件一样的名字，后缀不改。如果使用的是"暴风影音"播放器，在播放电影的同时，字幕文件就同步地加载到电影当中并显示在画面上。

 提示 文本格式字幕的扩展名一般为 SRT、SMI、SSA 或 SUB，其中 SRT 字幕最为流行。

音频提取 电影MP3

如果你对某一部经典的电影情有独钟，如果想利用原声电影来提高自己英语水平，如果你是一个配音爱好者，那就应该学会使用 TMPGEnc Plus 视频编辑工具，这些问题都能迎刃而解了。TMPGEnc Plus 是一款简单易用的视频编辑软件，它不但可以帮助我们快速地进行视频编辑，而且还能用它来压缩和转换 AVI、MOV 等格式的视频文件，比如，用该工具将视频的声音转换成 MPEG 格式，也就是"电影MP3"，这样，就可以方便地在便携设备上播放这类视频。

电影 MP3 可以让你用另一种形式欣赏喜欢的电影。还可以制作原声的电影MP3，让你完全置身于全英文的语言环境当中，融入西方人的思维方式，练习流利的英语发音，轻松掌握最地道的俚语，从而提高英语水平。对于电影配音爱好者来说电影 MP3 也是模仿练习的绝佳教材。

前面我们形象地把一部电影文件比作是一个"三明治"，正因为电影是由视频、音频和字幕三部分组成，所以为我们提供了利用软件将它们合并和拆分的便利。电影 MP3 就是将电影中的声音剥离出来，然后保存成独立的音频文件。

下载地址：http://www.skycn.com/soft/3995.html

绿色版下载地址：http://www.onegreen.net/Soft_Show.asp?SoftID=355

下载完成后，单击软件图标，弹出安装界面，一路单击【下一步】即可完成安装。

如何将一部电影中的"声音"提取出来？

1. 打开 TMPGEnc Plus 界面，在【文件】下拉菜单中选择【MPEG 工具】，如图 5-27 所示。

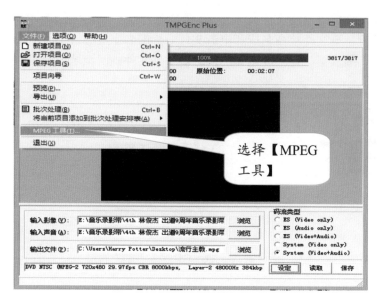

图 5-27　选择【MPEG 工具】

2．弹出"MPEG 工具"对话框后，选择【分解】选项，然后单击"输入栏"的【浏览】按钮，如图 5-28 所示。

3．选择要提取音轨的源视频文件，如图 5-29 所示。

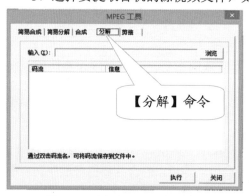

图 5-28　选择【分解】命令

图 5-29　选择需要分解的视频

4．选择好源视频后，单击【打开】命令，该源视频文件即被导入软件中。

5．"MPEG 工具"窗口中显示的是 MPEG 文件的"码流"，重要的码流已被检测出来，如图 5-30 所示。通过双击"码流名"（即打勾的选项），即可将指定的码流保存到文件中。也就是将视频中的音频提取出来。

6．单击【保存】按钮就可以将该音频文件保存起来，如图 5-31 所示，这样一部心仪的"电影录音"就制作完成了。

图 5-30　"音频"提取

 这个软件只支持导入和提取 MPEG 格式的视频，如果是其他格式的视频，要先将它转换成 MPEG 格式的视频再进行提取。

图 5-31　保存"音频"文件

 TMPGEnc Plus 2.5 是中文版，该软件的英文版已更新到 4.0 版本，可以在 Windows 7 中完美运行，但暂不支持 Windows 8 系统。

虚拟光驱 镜像之家

我们知道光盘和光驱都是易损介质和易损组件，如果长期地通过光驱来欣赏光盘上视频影像等，是会影响其寿命的。那么用一种什么样的方法可以起到延长它们"生命"的目的呢？本节将引入"镜像文件"和"虚拟光驱"的概念。通俗地说就是用"镜像文件"取代"光盘"，用"虚拟光驱"取代"光驱"。

一、什么是"虚拟光驱"

"虚拟光驱"是一种模拟 CD 或 DVD 光驱工作的工具软件，可以生成和电脑上所安装的光驱功能一模一样的"光盘镜像"，一般光驱能做的事虚拟光驱一样可以做到，工作原理是先虚拟出一部或多部虚拟光驱后，将光盘上的内容，比如应用软件、镜像等存放在硬盘上，并生成一个虚拟光驱的"映像文件"，然后就可以将此映像文件放入虚拟光驱中使用。虚拟光驱不必将光盘放在光驱中，只需要在插入图标上轻按一下，虚拟光盘立即装入虚拟光驱中运行，具有快速又方便的处理能力。

二、什么是"镜像文件"

"镜像"就是像照镜子一样。一般说的镜像是指给系统作个"克隆"镜像，这样可以在很短时间很方便地还原出一个完整的系统来。镜像可以说是一种文件形式，可以把许多文件做成一个镜像文件，用虚拟光驱打开后又恢复成许多文件，常见的镜像文件格式有 ISO、BIN、IMG、TAO、DAO、CIF、FCD。镜像文件可以直接刻录到光盘中，也可以用虚拟光驱打开。

镜像文件的应用范围比较广泛，最常见的应用就是数据备份（即替代软盘和光盘）。现在很多下载网站也有了 ISO 格式的镜像文件下载。

由于虚拟光驱和镜像文件都是对硬盘进行操作，因此可以减少真实的物理光驱的使用。同时，由于硬盘的读写速度要高于光驱很多，因此安装速度也大大提高，安装虚拟光驱软件要比用真实光驱快 4 倍以上。

三、虚拟光驱软件的安装

UltraISO 是一款功能强大而又方便实用的光盘镜像文件制作、编辑、转换工具软件，它可以直接编辑镜像文件和从镜像中提取文件和目录，也可以从 CD-ROM 制作光盘镜像或者将硬盘上的文件制作成 ISO 文件。

UltraISO 采用双窗口统一用户界面，只需使用快捷按钮和鼠标拖放便可以轻松搞定光盘镜像文件。

下载地址：http://www.oyksoft.com/soft/3153.html

1．下载后，双击软件安装图标，按照提示完成安装。

2．安装后，查看"我的计算机"，会多出一个光盘图标，这就是虚拟光驱，如图 5-32 所示。

图 5-32　虚拟光驱图标

四、制作 DVD 镜像文件

将 DVD 光盘内容做成 ISO 文件（即镜像文件）。ISO 文件是压缩包，也可以称映像，和 RAR 、ZIP 类似。

1．将一张需要制作成"ISO 虚拟光盘"的 DVD 光盘放入电脑的光驱中，如图 5-33 所示。

2．打开 UltraISO 软件，进入其主界面后，单击 "制作光盘映像"命令，如图 5-34 所示。

图 5-33　光盘放入光驱中

图 5-34　选择"制作光盘映像"

3．弹出"制作光盘映像"对话框，在"CD-ROM 驱动器"栏，选择 DVD 光盘所在的光驱盘符。在"输出映像文件名"栏，选择"光盘映像"在电脑中的存放位置。"输出格式"选择"标准 ISO"，然后单击【制作】，如图 5-35 所示。

4. 单击【制作】命令后，弹出"处理进程"对话框，这里显示"光盘映像"的进度条，如图 5-36 所示。制作时间的长短和光驱的读取速度以及光盘的质量有关。

图 5-35　选择"制作光盘映像"　　　　　图 5-36　　"处理进程"对话框

5. 制作完成后，在电脑中将显示镜像文件的位置，如图 5-37 所示。

光盘镜像　　　　　2013/7/28 0:00　　　UltraISO 文件　　　1,848,288 KB

图 5-37　　"光盘镜像"存放位置

五、加载镜像文件

方法一

将鼠标放在所要加载的镜像文件上，单击右键，弹出下拉菜单，选择【UltraISO】→【加载到驱动器 G:】，则 G 盘的虚拟光驱加载了硬盘上的镜像文件，如图 5-38 所示。

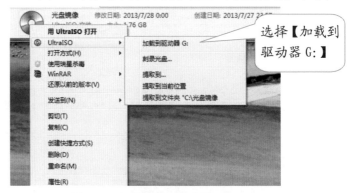

图 5-38　加载镜像文件方法 1

方法二

也可以打开"计算机"窗口，鼠标放在 G 盘上，单击右键，在弹出的菜单中选择【UltraISO】→【加载…】，然后在弹出的对话框中选择需要加载的镜像文件，单击【打开】，该镜像文件同样可以加载到 G 盘的虚拟光驱中，如图 5-39 所示。

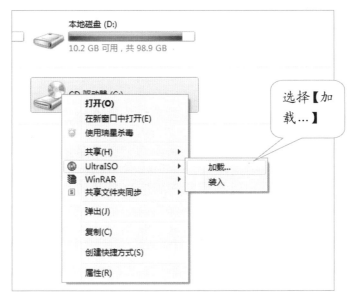

图 5-39　加载镜像文件方法 2

六、移除镜像文件

镜像文件加载到虚拟光驱中，G 盘图标后面会出现镜像文件的名称，如果想将这个镜像文件移除,可将鼠标放在 G 盘上,单击右键,在弹出的菜单中选择【UltraISO】→【弹出】即可，如图 5-40 所示。

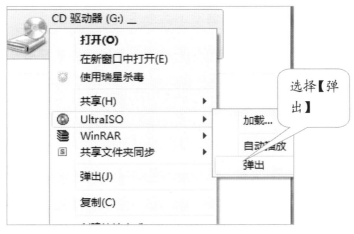

图 5-40　移除虚拟光驱中镜像文件

作为娱乐新宠的苹果产品早已深入人心，越来越多的人使用苹果产品作为娱乐的一种选择。

iTunes 是一款与苹果产品密切相关的应用软件，可以定义为一款集影音播放、应用商店、数据备份、设备管理于一身的综合型软件，是一款名副其实的苹果设备最佳辅助软件。但是目前似乎还没有广泛地应用在苹果产品的用户手中。或许是这些用户在购买产品之前就被朋友们灌输了所谓"越狱"的想法，所以忽视了利用其他辅助工具来实现产品的开发。

iTunes 不仅仅能将电脑中视频、音乐、照片导入到苹果产品中，更可贵的是 iTunes 能将众多喜欢的应用软件下载安装到苹果产品中，相信这款软件以其本身的实用性与价值将会被更多苹果用户认可并使用。

第六章

iTunes 苹果好搭档

本章学习目标

◇ 将音乐或视频导入 iPad 中

　　苹果产品采用的 iOS 系统是一个封闭的系统，当电脑连接苹果设备后在"我的电脑"中虽然会出现一个类似 U 盘的设备图标，但是我们并不能直接将歌曲和视频拖入其中。这就需要通过苹果的官方软件 iTunes 将它们导入到 iPhone、iPad、iPod 等设备当中。

◇ 将照片或图片导入 iPad 中

　　电脑中的照片不可以通过拖拽的方式直接添加到 iPad 中，而需要使用 iTunes 软件中的"同步功能"。

◇ 在 iPad 上安装应用程序

　　利用 iTunes 软件将众多喜欢的应用程序安装到 iPad 中。

将音乐或视频导入 iPad 中

　　iTunes 是一款数字媒体播放应用程序，是供 Mac（苹果电脑）或/PC（普通电脑）使用的一款免费应用软件，能管理和播放数字音乐和视频。它可以将需要的应用软件自动下载到你的所有设备上，包括电脑（Mac/PC）和 iPhone、iPad、Pod 上。

　　iTunes 对于每位苹果用户来说是最常用的辅助工具，它方便、快捷地提供各种娱乐体验，深受广大苹果用户的推崇，本章将专门介绍 iTunes 在苹果产品上的应用。

　　下载地址：http://www.apple.com.cn/itunes/download/

　　安装完成后，在电脑的 Windows 桌面便会生成一个 iTunes 快捷方式图标，单击进入便可以开始我们下面的实际使用了。

一、通过 iTunes 导入视频和音乐

　　苹果产品采用的 iOS 系统是一个封闭的系统，当电脑连接苹果设备后在"我的电脑"中虽然会出现一个类似 U 盘的设备图标，但是我们并不能直接将歌曲和视频拖入其中。这就需要通过苹果的官方软件 iTunes 将它们导入到 iPhone、iPad、iPod 等设备当中，这里均以 iPad 为例介绍其在音乐及视频领域的使用方法，iPhone 和 iPod 在这方面应用的操作方式与 iPad 完全相同。

　　1. 将 iPad 通过 USB 数据线连接到电脑上，然后打开 iTunes 软件，iTunes 会识别出 iPad 设备，如图 6-1 所示。

这里出现 iPad 设备图标

图 6-1　iTunes 主界面

　　2. 单击 iPad 图标，进入 iPad 的管理界面，选择【摘要】选项，可以看到 iPad 的基本信息，例如，iPad 当前的 iOS 版本、剩余空间、同步设置和备份信息等，如

图 6-2 所示。单击,【此 iPad 上】可以查看 iPad 上的文件。

图 6-2　iPad 的管理界面

3．在 "选项" 栏,勾选 "手动管理音乐和视频",如图 6-3 所示。

图 6-3　选择 "手动管理音乐和视频"

4．单击【此 iPad 上】按钮,进入 iPad 信息界面,分别有 "音乐" "影片" "电视节目" 和 "图书" 的列表,单击相应的列表,打开该项窗口。在这里显示的是这台 iPad 上存在的上述文件信息,可以对它们进行添加和删除。

添加媒体文件的方法很简单,用鼠标拖拽的方法将电脑文件夹中的媒体文件直接拖入相应的列表框中即可。如图 6-4 所示是将音乐文件拖入音乐列表框中，即将歌曲添加到了 iPad 中（拖入文件或文件夹均可），添加影片也用同样的方法。

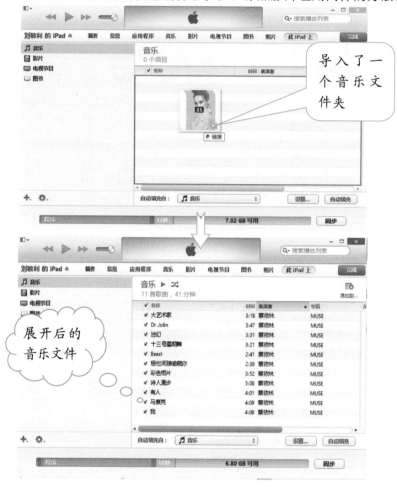

图 6-4　添加音乐文件后的效果

苹果系统会自动识别导入 iPad 中的文件是否被支持，如果不支持，iTunes 软件会发出警告提示。

二、在 iPad 中播放音乐

1. 在 iPad 主界面上单击【音乐】图标，如图 6-5 所示。

图 6-5　单击【音乐】图标

2. 打开 iPad 中的"音乐"窗口，单击其中的歌曲，即可播放，如图 6-6 所示。

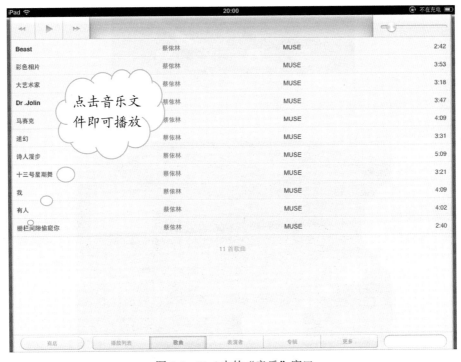

图 6-6　iPad 中的"音乐"窗口

单击界面下方的【歌曲】按钮，显示的是 iPad 中的所有音乐，单击【表演者】或【专辑】按钮，可以进行分类查找歌曲，然后在相应的列表中单击歌曲名称播放即可。

> **提示** 许多第三方软件也可以播放 iPad 中的音乐,例如"天天动听",它还支持在线自动下载歌词。

三、在 iPad 中播放视频

在 iPad 中播放视频与播放音乐的方法类似。

1. 在 iPad 主界面上单击【视频】图标,如图 6-7 所示。

点击"视频"图标

图 6-7 单击"视频"图标

2. 打开 iPad 中的"影片"窗口,单击其中的视频文件,即可播放,如图 6-8 所示。

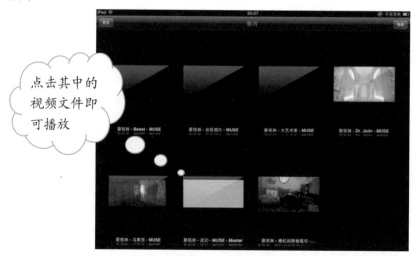

点击其中的视频文件即可播放

图 6-8 iPad 中的"影片"窗口

提示　iTunes 会自动记录音乐和视频的播放次数。

将照片或图片导入 iPad 中

电脑中的照片不可以通过拖拽的方式直接添加到 iPad 中，而需要使用 iTunes 软件中的"同步功能"才能实现这一目的。

1. 首先将需要导入的照片存放在一个指定的文件夹中（例如"E:\iPhone 文件夹"），然后在 iTunes 软件中选择【照片】选项，在"同步照片，来自"选项前打勾，如图 6-9 所示。

图 6-9　选择【照片】选项

2. 在"同步照片，来自"后面的菜单中选择"选取文件夹"，弹出选择窗口。找到"E:\iPhone 文件夹"后，单击【选择文件夹】，如图 6-10 所示。

3. 然后单击 iTunes 界面下方的【应用】，即可把"E:\iPhone 文件夹"导入到 iPad 中。如果需要添加其他文件夹中的照片，同样可照此方法处理。

图 6-10　选择所要的文件夹

在 iPad 上安装应用程序

　　很多对苹果产品并不太了解的新用户，在买产品之前就被朋友们灌输了各种越狱、免费应用等思想，因此，到目前 iTunes 软件并没有广泛应用在苹果产品的用户手中。相信 iTunes 这款产品以它本身的实用性与价值将会被更多苹果用户认可并使用。

　　的确，对于 iPad 而言，iTunes 是一款比较重要的集管理和应用于一身的程序，我们可以通过它将一些有用的工具安装到 iPad 之中。不过，可以应用在 iPad 中的程序还有很多，我们也可以通过其他的途径将众多自己喜欢的应用程序安装到 iPad 中去。下面我们来介绍在 iiPad 安装程序的方法。

一、通过 iTunes 在 iPad 中安装应用程序

　　1. 将 iPad 通过 USB 数据线连接到电脑上，然后进入 iTunes 软件界面，单击 iTunes Store 按钮（界面右上方），进入 iTunes "应用程序"搜索界面，选择【iPad】，即将选择程序安装在 iPad 上，如图 6-11 所示。

　　2. 这里以安装"QQ影音"为例进行介绍。在"搜索栏"输入"QQ影音"，单

击回车键。窗口内即出现"QQ 影音"应用程序的安装图标，单击该图标即可开始下载，如图 6-12 所示。

选择"iPad"

图 6-11 选择程序安装在 iPad 上

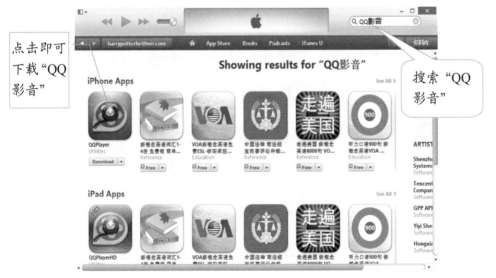

点击即可下载"QQ 影音"

搜索"QQ 影音"

图 6-12 搜索并下载"QQ 影音"

3. 单击【资料库】（界面右上方），切换回 iPad 资料库，单击选择【应用程序】按钮，左侧窗口内出现"QQ 影音"安装图标，单击【将要安装】，"QQ 影音"即被安装到 iPad 中，如图 6-13 所示。

图 6-13　安装"QQ 影音"

二、通过 iPad 上的 App Store 安装应用程序

1. 直接单击 iPad 主界面上的 App Store 图标，打开 App Store 的搜索界面，如图 6-14 所示。

图 6-14　App Store 的搜索界面

2. 在"搜索栏"内输入"QQ 影音"，在窗口内出现"QQ 影音"安装图标后，

单击【安装】即可，如图 6-15 所示。

图 6-15　App Store 中安装"QQ 影音"

　　这里需要说明一点，iPad 只有在 Wifi 或 3G、4G 联网方式下，才能访问 App Store，并且有些应用程序需要付费才能下载安装。

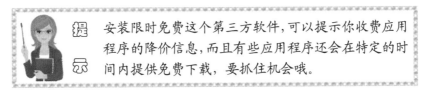

提示　安装限时免费这个第三方软件，可以提示你收费应用程序的降价信息，而且有些应用程序还会在特定的时间内提供免费下载，要抓住机会哦。

记得小时候，只要一有空，我们便三三两两地聚在一起玩游戏。儿时的游戏花样可多啦！捉迷藏、踢毽子、丢沙包、跳绳、老鹰捉小鸡都是我们常玩的。

东流逝水，荏苒的时光就这样慢慢地消逝了，同时社会也进步了，电脑普及，网上的东西应有尽有，也让我们见识了不少新鲜的游戏，比如，牌类的、麻将类的，还有一些虚拟的游戏。它让我们觉得这里的世界很精彩。

如果有同龄人问我在网上玩不玩游戏？我一定会笑着回答：当然要玩，因为我儿时的快乐会在那里重现。但是，游戏只是生活的佐料，它不是生活的全部，如果一味地沉迷其中，必定会失去其他的乐趣。

第七章

QQ 游戏大厅真热闹

本章学习目标

◇ **安装 QQ 游戏客户端**

　　学会下载和安装 QQ 游戏客户端，进入 QQ 游戏大厅，找到心仪的游戏文件并下载、安装、存放到"我的游戏"中。

◇ **进入游戏场**

　　举一反三，以 QQ 游戏"升级（拖拉机）"和麻将为例，介绍 QQ 游戏的下载与安装；学会如何进入游戏场，实际玩上一回。

安装 QQ 游戏客户端

QQ 游戏诞生于 2003 年，是腾讯首款自研游戏产品，全球最大"休闲游戏社区平台"，拥有超百款游戏品类，2 亿量级活跃用户，最高同时在线人数超过 800 万。QQ 游戏秉承"绿色、健康、精品"的理念，不断创新，力求为用户带来"无处不在的快乐"。目前已涵盖棋牌麻将、休闲竞技、桌游、策略、养成、模拟经营、角色扮演等游戏种类，是名副其实的综合性精品游戏社区平台。

QQ 游戏的另一个优势是可以用 QQ 号快速登录，并且和 QQ 好友一起玩游戏。

QQ 软件的下载地址是：http://pc.qq.com/

下载并安装 QQ 软件和 QQ 游戏客户端程序可按下列步骤进行。当然，已经使用 QQ 的用户可以直接从安装 QQ 游戏客户端程序开始。

一、下载并安装 QQ 软件

1. 打开网址，在腾讯软件中找到最新版的 QQ 软件，例如"QQ5.3"，如图 7-1 所示。单击右边的【下载】命令。

图 7-1　QQ5.3 下载界面

图 7-2　"新建下载任务"对话框

2. 这时出现"新建下载任务"对话框，可在此指定下载文件的位置，如这里将 QQ 软件下载到"D:\软件工具"文件夹中，如图 7-2 所示。

3. 在下载后的文件夹中找到 QQ 这款软件，双击安装它，如图 7-3 所示。

图 7-3　双击启动 QQ 安装

4．随即进入 QQ 软件"安装向导"。首先要在"我已阅读并同意软件许可协议和青少年上网安全引导"打勾，接受"QQ 软件许可及服务协议"，如图 7-4 所示。然后单击【下一步】。

5．在"选项"步骤中，QQ 集成了一些软件，例如"腾讯电脑管家+金山毒霸保护电脑安全""最新版 QQ 浏览器 7""QQ 音乐播放器"和"腾讯视频播放器"及"应用宝"等。这些软件都是默认捆绑安装的，如果不需要，可以在前面的复选框中把"勾"去掉即可，如图 7-5 所示。然后单击【下一步】。

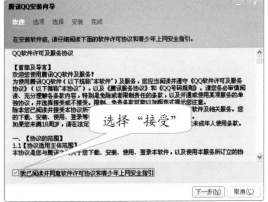

图 7-4　进入 QQ 安装向导

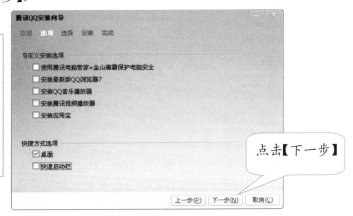

图 7-5　选择安装默认的捆绑软件

6. 接下来选择软件安装的路径和个人文件夹的存放路径。个人文件夹里主要存放聊天记录和表情文件。注意，在 Windows 7 和 Windows 8 中，QQ 的个人文件夹无法和软件安装的路径存放在一起，而默认放在"我的文档"中，如图 7-6 所示。

7. 单击【安装】按钮即可开始安装。

8. 安装过程视你的电脑性能状况，可能需要持续 1~2 分钟的时间，在此期

图 7-6　选择安装路径

间 QQ 安装程序会显示一些软件功能的信息（图 7-7），直至出现安装过程的最后一个界面（图 7-8），可在此勾选 QQ 的使用方式，然后单击【完成】即可完成 QQ 的安装。

图 7-7　安装过程之中

图 7-8　完成安装

二、安装 QQ 游戏

在安装完毕 QQ 软件后，首次使用 QQ 游戏时需要对其进行安装。

1. 在 QQ 登录窗口中输入 QQ 号码和密码，单击【登录】进入 QQ。

图 7-9　QQ 游戏的图标位置

2. 在 QQ 界面的最底下有一个 QQ 游戏的图标，如图 7-9 圈选处所示。单击该图标将进入安装 QQ 游戏大厅的过程。

提示　QQ 号码可以在 QQ 登录窗口中快速申请，登录后可以在 QQ 软件中通过查找好友的方式添加朋友。

3．由于是从 QQ 号码启动的 QQ 游戏大厅，所以不用再次输入密码。首次登录 QQ 游戏大厅，系统会安装必要的组件。因此，在出现"在线安装"界面后，单击【安装】按钮，系统将自动进行对游戏组件的安装，这时你需要做的就是耐心等待。这一过程如图 7-10 所示。

图 7-10　QQ 游戏大厅的安装

4．下载完成后，系统将自动进入游戏安装向导，在出现如下的界面后，只需要单击【接受并继续】即可，如图 7-11 所示。

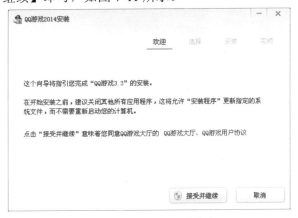

图 7-11　接受安装 QQ 游戏大厅

5．接下来进入的是指定 QQ 游戏在电脑中的安装位置，可以安装在界面上提供的默认位置，即直接单击【安装】按钮，如图 7-12 所示。

6．这时进入的是安装向导的最后一个界面，在此可以选择 QQ 游戏的使用方式及是否安装其他组件。如勾选"启动 QQ 游戏大厅"，则在安装完成后立即开始 QQ 游戏；勾选"启用 QQ 游戏启动加速程序"可以加快游戏的启动速度。如不打算安装其他QQ软件捆绑安装的软件，可以将其前面方框中的"√"去掉，不予安装，如图7-13所示。

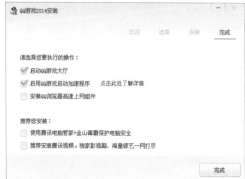

图7-12　指定QQ游戏的安装位置　　　　　图7-13　确定QQ游戏的使用方式

7. 单击【完成】即进入"游戏大厅"，如图7-14所示。

图7-14　QQ游戏大厅

进入游戏场

之前安装的只是QQ游戏大厅，真正的游戏文件并没有安装。因为QQ游戏大厅里的游戏种类实在太多了，不可能一次性安装完成，我们需要选择性地安装自己想玩的游戏。安装过程十分简单和快捷，下面，我们就以安装大家平时玩的比较多的"升级"游戏和麻将游戏为例介绍具体的游戏安装方法。

一、安装"升级（拖拉机）" 游戏

QQ 游戏大厅界面的左侧窗口会记录我们所有曾经下载和玩过的 QQ 游戏，所以，所有的游戏只需要下载一次即可。

1.双击"我的游戏"中任意一个图标，这里单击的是"升级（拖拉机）"图标，即开始下载最新版的游戏安装文件，整个过程无需进行任何设置，如图 7-15 所示。

图 7-15 "升级（拖拉机）"游戏安装

2．安装完成后，游戏将自动启动，首次启动时系统将会提示游戏界面的字体大小选项。现在的电脑屏幕大，分辨率高，所以就会导致软件里的字体过小，不方便阅读。视力差一点的朋友可以选择"大字体"，然后单击【确定】，如图 7-16 所示。这部分设置也可以在进入游戏大厅后在"系统设置"中设置或更改。

图 7-16 "升级（拖拉机）"游戏界面字体设置

3．单击【确定】后，即进入"拖拉机"的游戏界面。首先选择"游戏房间"，单击界面左侧房间列表，比如双击"二副牌二区"→"房间 2"就可以进入该房间，如图 7-17 所示。

4．该游戏是对战类游戏，所以在游戏开始前要先找到队友或者对手。最快速的方法就是单击【快速开始】按钮，系统将自动为你选择空位而进入游戏场，立即开始游戏。

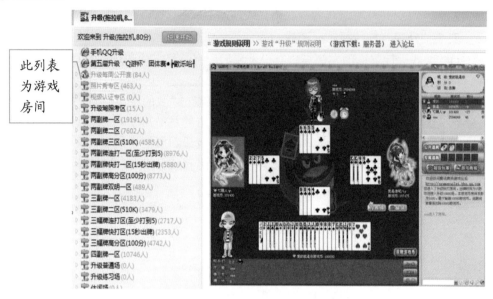

此列表为游戏房间

图 7-17　选择进入"游戏房间"

 提示 每个房间最多可以容纳 400 个游戏玩家，接近 400 人的房间通常点不进去，但我们可以多试几次。

5．进入房间后，有很多的桌子，单击空着的座位即加入了这个桌子的游戏，见图 7-18 所示，三缺一，正等着你呢！

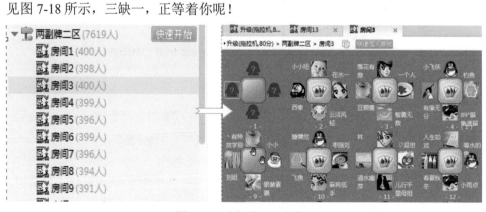

图 7-18　选择进入"座位"

6．如果满意自己的队友或对手，单击【开始】按钮。自己的游戏状态也变成了

"准备"状态。当所有的玩家都到齐并显示"准备"好以后，游戏自动开始，如图
7-19 所示。

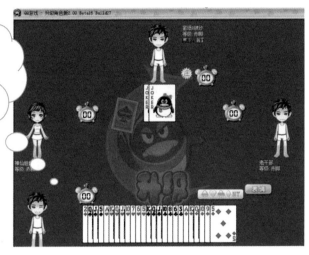

上方座位为对家，左右座位为对手

图 7-19　进入游戏状态

提示　网上玩游戏也不要随便"溜号"，这除了有悖于游戏规则，还会扣你的积分。

二、安装其他 QQ 游戏

有一些游戏并没有显示在"我的游戏"列表中，这就需要我们在游戏大厅中自己来添加。

1. 在游戏大厅中单击【添加游戏】按钮（见图 7-20 圈选处）会弹出全部 QQ 游戏图标页面，从中选择自己喜欢的游戏，双击该图标即可下载并存放到"我的游戏"列表中。

2. 也可以在游戏分类栏中查找，例如按分类栏上的"牌类""麻将""棋类""休闲竞技"等来查找，如图 7-21 所示。这里我们单击【麻将】分类。

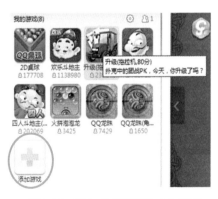

图 7-20　添加并安装其他 QQ 游戏

3. 在该分类下找到自己喜欢的一款游戏，如"上海麻将"，单击【添加游戏】，系统将自动下载该游戏，并将其添加到"我的游戏"列表中，这样单击之后即可进

此处排列全部 QQ 游戏图标

游戏分类

图 7-21　QQ 游戏分类栏

入到该游戏之中了。这一过程，如图 7-22 所示。

图 7-22　将新游戏添加到"我的游戏"列表中

后　记

　　至此，本书的全部内容就已经写完了，这里以"用电脑构建家庭娱乐平台"为目的，学习了如何利用电脑听音乐、看电影。并通过一个个实例，比如，翻录 CD、录制歌声、制作手机铃声、车载光盘以及转换老旧磁带、给电影配字幕、提取音频制作电影 MP3 等内容，详细介绍了相关软件的使用。本书还介绍了大众娱乐新宠——苹果产品与它的辅助软件的简单使用方法，旨在让你的娱乐生活多一些选择。

　　写作的过程是娱乐的过程，希望你阅读的过程也成为娱乐的过程，愿这些内容就像咱们日子中的味精，点点滴滴让你的生活又添了滋味。